给你更多的爱

李子翔◎著

中国出版集团　现代出版社

图书在版编目（CIP）数据

给你更多的爱 / 李子翔著 . -- 北京 : 现代出版社，
2019.1

ISBN 978-7-5143-6738-6

Ⅰ . ①给… Ⅱ . ①李… Ⅲ . ①情感－青年读物 Ⅳ .
① B842.6-49

中国版本图书馆 CIP 数据核字（2018）第 001838 号

给你更多的爱

作　　者	李子翔
责任编辑	杨学庆
出版发行	现代出版社
通讯地址	北京市安定门外安华里 504 号
邮政编码	100011
电　　话	010-64267325　64245264（传真）
网　　址	www.1980xd.com
电子邮箱	xiandai@vip.sina.com
印　　刷	三河市燕春印务有限公司
开　　本	880mm × 1230mm　1/32
印　　张	7
版　　次	2019 年 1 月第 1 版　2019 年 1 月第 1 次印刷
书　　号	ISBN 978-7-5143-6738-6
定　　价	39.80 元

目 录
Contents

1 老朋友

"老地方见。"

最后一封短信显示是三个月前，清理过几次记录，还是没舍得删除。工作中有时候看看手机里面这封孤零零的短信，想起你周末闲着无聊开车来看我，抱着吉他给我唱歌的日子。那时候星光很淡，湖面倒影似乎全是你，大概那就叫作幸福。

你喜欢的林一峰最近出了合辑，听了听，照旧是没有太多共鸣的粤语歌曲。倒是有一首特别喜欢，他跟林二汶两个人用开心的口吻唱着"女生不踢足球不精理数，女生应跳芭蕾谁定制度，还未设计衣衫色彩一早分配从未过问，我喜不喜欢怎也不妥。"听着眼前满满都是你宠溺摸着我的头用痞气的声音告诉我，要像个女孩一样。

但你又不是不知道，假如，我是说假如，我像其他人一样，你还会陪我这么久吗？

问的全是一些傻问题。也确实符合我越活越回去的心理年龄。要是像大学那样再做一次心理测试，很多答案都与当时不一样。

才发现迷恋你的拥抱，想一整晚赖在你的怀里。

刚看完《深夜食堂》的电影版，我很能体会送拉面的女孩拼命想嗅出小田身上的味道。真的在一起的话，恋人身上真的会有一种特殊的味道散发出来。你的身上，有类似恋人的味道哦。

说实话，当时并不想离开。

结果离开后那么长的时间里，始终找不到下一个人开始恋爱。你说过，我在乎的只是恋爱的那份感觉，只是享受纯粹的暧昧拉锯，只是在乎自己当下的心情。真的有那么一个对的人出现，也会被我压榨掉最后一丝耐性后狠心离开。

或许你说得没错，我才在那么多的选择对象当中犹豫不决。你却一直在朋友的位置上陪着我有10年之久。

10年，你听过我所有暗恋的曲折，我也在你怀里安心睡过不知道多少个夜晚。一帧帧熟悉的画面在脑海中随机放映，随机抽取其中一段，都能跟别人倾诉很久。明明委屈了那么久的情绪，面对别人的关心，脱口而出的依旧是一句我还好。

这不像我，也不可能是我。

可我就真的被你发现了那最软弱的地方，你了解我文字里面构筑起来的玻璃城堡有多么不堪一击，明确我的骄傲全都为了掩饰真实的自卑。你告诉我，我在，一直都在。哭鼻子的我在你面前只有那样的选择。

有几次差点说出口，真的不能在一起试试吗？看着你走在前面，回头瞬间好看的侧脸轮廓，伸出手来，说一声："我牵着你，前面有积水。"

真的是因为你，我才会一直挑挑拣拣，难免会拿他们与你比较，都差太多。

"寒流来何以你先拥抱他，回头时才替我遮挡雪花，是从甜蜜里分我甜蜜吗？"杨千嬅在拉阔会上对林一峰笑着唱出这一句歌词，我回头看看你。我懂，我一直都懂，哪怕我假借朋友的位置与你蹉跎这些年，你爱的依旧属于你自己。而我，只好任性依旧。

我却从来未想过，你真的有一天会比我先找到了，你的她。

　　不敢多写，有关于离开你的心情，最后那封老地方见的短信我依旧没有回。我只是没有做好与别人分享你的准备。所以，到最后我还是辞了工作，离开你。

　　新的城市很包容，不会在乎我这样一个27岁单身狗的故事，今晚很累，早点睡觉。

2 漂洋过海来看你

　　题目写下来的时候，犹豫了很久在想该以什么样的口吻来叙述有关于你的故事，毕竟刻意遗忘了三年之久，很多细节都得重温，才能将自己置身事外，鼓起勇气再回忆一遍。你呢？偶尔回想起我吗？在这睡不着的夜里，是不是想着还会收到某条晚安短信，才心满意足地睡去。

　　对你属于一见钟情，过往的故事情节里面也不止一次提及那个自习室的晚上和我死皮赖脸地打听你的消息，任何蛛丝马迹都不愿意放过。

　　说起来，当年也真的敢爱敢恨，才会在失联的情况下，趁着暑假单枪匹马地坐了36个小时的火车去找你，明明就只知道你考取大学的名称罢了。在你宿舍楼下等到你的时候，你不会了解你熟悉的身影再次出现时的激动，没有忍住，冲上去紧紧抱住你，害怕你又会悄无声息地消失，弄得你一脸尴尬，毕竟当时的我对你来说仅是一个完完全全的陌生人。

后来也随着彼此了解，终于让你答应了一场异地恋的开场，你爱说教，特别会念在我趁着仅有三天假期（含逃课）便买了当日火车票去见你的行为，火车上的信号断断续续，你的说教一样显得有些许不真实，最后你总会叮嘱我一个人千万要注意安全，到了火车站下车，你的身影必定会出现，拿着一罐牛奶和面包，不发一言地递给我，如果是冬天我接过牛奶时还能感受到你怕牛奶太冰，放在怀里的温度。

我知道你会担心我，但是又不愿意我总是干出那样不计后果的事情，无声关怀是你对我最大的温柔。那段日子，我只想着什么时候存够积蓄买一张火车票，晃荡到有你的城市，去见你，目的就是如此的简单。

临别时，你略带训斥的语气，还有你抱着我的感觉，最最重要的额头上你留下的轻轻一吻，我觉得我所做得一切都值得。

所谓的异地魔咒并没有消耗我对你的热情，你也越来越在乎我的出现，两个人顺理成章地度过了大学，身为学长的你先是返回家乡工作，那一年由于隔着琼州海峡，高昂的机票钱不是吃一个月泡面就能省下来的，于是把对你的思念化成学习的动力，第二年努力考回家乡大学的研究生，顺理成章跟你住到一起，才不在乎每天早上六点要起床赶早班车回学校上课。

对呀，那是因为有爱，做什么都有充沛的精力。

我以为，异地恋都没能消耗掉我们的缘分，更何况在同一个屋檐下，两个人一定能走下去的。

讽刺也是这同一个屋檐，工作了，你的压力不是我学生身份能够感同身受的，应酬后你满身酒气回家，看着你一边解开领带，一边东倒西歪走进浴室的背影，或许你根本也没注意到我为了纪念日特意准备一桌饭菜，结果等回这样的场景。

在一起越近，反而看见的缺点也越多，你不是那个随时保持整洁的好学长，我还像个无理取闹长不大的学生，细细碎碎的摩擦不断，仅在每晚与你入睡的时候听着你胸口的心跳，才感觉到你依然是爱我的。

却完全不够，最后谁都累了，我提出下学期搬回学校宿舍，一样，你无声地默许了。同样是没有声音的你，为什么却有如此大的差别？

紧接着两人陷入冷战期，只是例行的一通晚安电话，到最后连短信都没有，谁都没提分手，自然某一天生活联系就断了，我也没有再去苦苦经营维持。

对呀，一开始就是我单方面要闯入你的世界，想着要了解你的全部，但那毕竟不可能，即使我抛弃所有，也没有再往前一步的可能性。或许我会一直想你，但你只会把我当作可以遗忘的过客。

我多想保持在那段异地的时期，最起码在深夜的列车上依旧会收到你关怀的短信。

"我先睡了，明天老地方等你，晚安。"

简单，却如此温暖。

晚安，我的前任。

3 生日快乐

刚过12：00便收到了几个死党的短信，无一例外是搞怪的祝福，睡眼蒙眬一一回了谢谢后，最后再次确认一下，还是没有你的信息。坐起，手指犹豫要不要发个微博或者朋友圈，好让你发现今天的特殊，想想还是放弃，躺回，却再也睡不着。

脑中跟你分手的场景历历在目，你最后举起的那个玻璃杯，双手战抖差一些就死命摔下变得四分五裂的杯子，好好放在橱柜第三层的角落里，每年的大扫除时候都会翻倒，仔细擦拭后放回，你名字缩写的L看起来异常刺眼，然后再过一个星期便是我的生日。射手座，自由自在，一副十分花心、玩世不恭的样子，可从来没人知道，我心里面始终住着一个人，那个跟我曾经好到恨不得天天赖在彼此身边，那个因为价值观的转变吵得不可开交，那个我押过最大赌注一生的人，如果他肯重新开始，那么我可以放掉现在争取到的一切，与他再来一段铭心刻骨。

越长大，对于生日这个独特的日子越没感觉。当成普通的一天来度过，倒也没有什么不好。大概是从大二开始，习惯了一个人把这天消磨掉，白天到破旧的电影院里面看连场老电影，偌大的黑暗空间里面就只有电影配乐和自己嚼爆米花的声音。走出电影院被寒风一吹，身体不由自主抖了抖，将身上的衣服裹得再紧一些，看到路边有卖烤地瓜的小贩，买了一个捧在手心里，现在也只有这个能给自己温暖了。

苦笑，晚上是人声鼎沸火锅店里简单的单人套餐，独自一人显得十分突兀。草草吃完，慢悠悠晃回学校附近的KTV，服务员早就习惯了我一个人开包厢的举动，甚至给了我理解的微笑，嘴上说："还是需要背景音乐小一些吧？待会让师傅给你调。"最后12：00那一刻唱起《祝你生日快乐》，手机也沉默了一整天，歪歪头，也对，自己破坏了两个人的默契，不用再抱奢望了才是。

折回预订好的房间，电子音解锁后开门，看到房间里楼中楼的设计更加空旷了，把在包厢里面不想拆开的生日蛋糕就放在楼梯上，插上简单的两根蜡烛，假装你还在身边，心里唱起了生日歌，双手合十许下每年几乎都会许3个愿望。

第一个愿望：往事一幕幕都在眼前，两个人牵着手肆无忌惮在城市里面的角落穿梭，不顾旁人的眼光，你偷偷落在我额头的一吻，都还带着醉人的温度；清晨看到赖床的我，坏笑着把我抱在怀里，用还没刮的胡楂蹭我的背，嘴里碎碎念着让你这只小笨猪还睡还睡，刺刺的感觉依旧清晰印在皮肤上；你从冰箱里面拿出一罐啤酒，一边喝一边站在厨房门口看左右忙活的我，用调侃的语气说着看到你这个样子真是太性感了，还会偷偷用啤酒放在我的脸颊上，吓我一跳，甚至还有一次让我打破了一个砂锅的盖子，那声清脆的"砰"现在萦绕在我耳边。忘不掉的，跟你那种幸福的过往，我们两个人互相搭档的合拍，我们相视一笑的默契，我们背道而驰的那种坚持，每一年生日都会重新挖出来温习一遍，愿望里面很清晰，不愿意忘记，也不愿意有谁来替代你的位置，那个位置太特殊了，占据我一整个青春的回忆，并不是三言两语就能抹去的，可惜我们并没有爱着爱着就永远的运气，分开了，你过着你的幸福生活，而我，努力让自己的单身看起来并不那么颓废，只不过偶尔的小情绪上来，还是想要有一个人在身边，可以靠着那个肩膀，说一点软弱的话。第一个愿望便是如此简单，我自己就可以实现了，真的也无关于你。

第二个愿望：还想再遇见你一次，把没说完的我爱你统统告诉你。你走得太匆忙，甚至来不及把留在我家里的牙刷和刮胡刀收走，便那么出发到没有我的城市里。有时候看到你更新的状态，差点没有忍住给你留言，看你头发长了，短了，在健身房又认识一个新朋友，晚上应酬完回家路上的巷子里发现一只遗弃的小猫，你取名叫无关，又是再暗示什么？你还是能够在我面前有一个鲜活的形象，但其实说起来，你又如此遥远，你在我空间里面也不会再留下一丝痕迹。就像我偶尔关注过去你的页面，关闭之前，一定全部清空我的脚印，说好的不打扰，就是连同朋友那边听到你的消息，我都必须表现得毫无介意的样子，自然过渡到下一个话题。但心里面的波澜起伏，你会懂的吧？你是不是也跟我一样，变得十分会掩饰自己的情绪起伏了？为的只是更好隐藏内心深处的那一个人。哈哈，写到这里自己都忍不住笑出声来，你都有了新的开始，新的另一半，那个人也是跟我一样，享受着你的所有温柔关怀，我又何必自欺欺人，对你的离开如此念念不忘？如果说，真的能把那些我爱你再对你说一遍，说不定我也能更好袖手旁观，不再梦见你。

　　第三个愿望：最最简单，希望你还能如每年生日一样，会在12：00看到你的短信，哪怕只是简短的生日快乐4个字也好。

　　可惜，并没有，我手机一如往常地沉默。

　　黑暗里我翻了一个身。

　　晚安。

4 是不是这样的夜晚你才会这样地想起我

正要入睡，发现手机上有一条未读信息，来自陌生号码，本想删除，但想到某些关于你的往事，躺下的同时还是点开了短信提示，熟悉的尾号。

"我回来了"

简简单单的四个字，连标点符号都没有，不知道你是以什么样的心情再次给我短信，虽然依旧是你的简约风格，甚至能依稀感觉到你握着手机，犹豫几次，叹口气还是点了发送键的表情。毕竟我们走过了太多的考验，还是败给了距离这样的现实。

大学四年，几乎都是在你的陪伴下度过，在图书馆里面两个人面对面坐着，我看我的小说，你翻开你厚厚的专业资料，为你的奖学金奋斗。偶尔两个人抬头，视线交错，微微一笑后又各自回到彼此的世界，那时候真的知道身边这一个人不会离开，无论发生什么。

是呀，加上"无论"的修辞，必定没有多好的结局，例如我和你，就实践了这一过程。

手机里面还留有来不及删除的两个人的合照，你淡然的表情，我幼稚的V字手。是大二那年，你忘记我的生日，我死皮赖脸说一定要礼物，你无奈之下只好摆出一张臭脸用诺基亚拍下来的我们两人唯一一张合照。要知道平时有镜头恐惧症的你，愿意跟我合照，是多么珍贵。所以两个人自然选择淡忘的时候，我还是舍不得删除掉那张合照，换了几个手机，都会第一时间把照片导入内存，设为待机画面。

有点傻，我承认。

我们能体会到彼此什么时候最需要对方，大学里面两个人的默契所向披靡，让许多人称羡。很多细节其实他们都不了解，例如我们根本没有存过对方的电话号码，我们对于早烂熟于心的，融入到生活当中的，并不用某种形式刻意去记录。

但我们也都忘了，是这样太了解，了解到两个人会坦然分开。

你出国，我转回家乡，一下子把距离拉得太远。两个人都太聪明，务实，于是毕业的那个晚上，约了你出来，你摘下食指的戒指放回我的口袋，一切完成得就像个仪式。

你满意你新的几年生活吗？我回到家里，按部就班，存了钱，付了现在住的房子首付，正考虑买一辆车，周末时候可以一个人开着车到海边看海，我努力让生活看起来很平淡，可以维持表面的和平，告诉我自己我不想你。即使是某天看到朋友转发你的微博，我们在看了同一场电影，只不过相差了12个小时。

越想越不甘心，可又没有人鼓起勇气想到去改变。

你我都是不愿意尝试去改变的人，对自己的人生规划得太过细致，并不会习惯做了更大的变动。

看到你的短信，辗转难眠。

不过我还是猜到，你只是偶尔会想到我，在我同样感到寂寞的夜晚，只是我不够你勇敢，可以拿起手机按下熟悉的11位数字，发送短信，并不担心那是一个空号。

我笑了笑，终究把短信给删除，就当这是永远无法拨通的空号吧。

晚安。

5　要抱抱

"要抱抱。"

"咻……"

短信的内容还存在手机里面，无论换了几个手机，都会第一时间想办法恢复这段内容，在每次睡不着的时候都会翻出来看一看，虽然很短，但是却包含了你给我满满的温暖。当时的你那么任性，肆意妄为，我还能想起短暂相处的时候，你总会一脸坏笑地把头放到我肩膀上，用撒娇的声音跟我说抱抱的语气，我蹭蹭你的脸，回过身给你一个拥抱，你说要是能这样一辈子就好了。

但那也仅仅是少有的温暖，两个身处异地的人恋爱，总会有诸多想念不能在第一时间实现。于是才会有每晚两个人发不完的短信，以及相同到要睡的时候你给我发来上面的要抱抱三个字，我也恨不得第一时间搭车飞奔到你的城市将你一拥入怀，亲吻你。

不过我们有的只是周五下班后匆匆赶上最后一班列车，摇晃一整晚，去取那两天一夜的幸福，我们变着法子在各自的城市里面留下彼此的回忆。

你前一晚给我发的晚餐，我跑步时经过的河川，你跟朋友聚会时看见街边的流浪汉，我接待时在厕所里面拍下涨红的脸，你为了逗我开心给我发的鬼脸，一张张相片还留在电脑里，冲洗出来放在相簿里面在一边标明，写下简短的心情，我以文字为主，你更多用可爱的表情符号，两个人脚趾碰脚趾那张站立的照片现在还贴在我的冰箱上面，每天早上睡眼蒙眬拉开冰箱找牛奶，都会看到。

你呢？还能轻松记起这些回忆吗？

好像问了一个没有答案的问题，昨晚看见你许久不更新的微博发了一张自拍照，干练的制服打扮，你眼神里面流露出相应的成熟，看背景判断应该是出差到某个城市晚上在五星级酒店随意一拍，配图文字是想到了一些往事，应该是酒精的作用吧，晚安。

那是什么往事？当时两个人的工资几乎都花在手机费用和

往返的路费上，住宿几乎都是能省则省，我们挤过30元钱一个晚上的小旅馆，深夜还能听到用木板隔开的墙壁后传来诡异的喘息声，在黑暗里面你用你的大眼睛看着我，看到我脸上露出一丝笑意后立马皱皱眉头，暗示我不准瞎想，同时用手狠狠拍了一下棉被下面打算乱来的手，然后在我额头上轻轻留下一个吻，抱住我，在我耳边说，你要娶我，我等你娶我，好不好？

你口中呼出的气息还在我耳边留有痕迹，闭上眼睛就能听见你当晚对我们两人未来的无限期盼。那个晚上最后也就是抱着你到睡去。说起来，当时的两个人真的好纯洁。

到底是哪里出了差错，明明两个如此契合的人，我渐渐增多的酒局，在酒精混合的力量下，我也只能勉强给你回一些简短的信息，你的事业同样上了轨道面对更多更多无形的压力，我的"冷淡"也刺激了你的怒火，见面后争吵争吵，后抱住你，给你深深一吻，你摇摇头趴在我的肩头流泪，说我们不要这样的生活好不好，抛开过去两个人重新的生活好不好。

好不好？好不好？好不好？

好。好。好。

如果说当时我那么回复你的话，我们是不是还过着默契十足的幸福生活。可惜没有如果，最后提出分手的时候，我在返程的火车上，想到你在火车站送有时候不顾旁人的目光抱住我，真的不想你走，想你一直留在我的身边。我惶恐退开你，你不可置信地看了我一眼，我从你的眼神里面看到了绝望，你不留一句话转身就走。在火车上考虑了很久两个人的关系，是我不该一开始在聊天室招惹你，两个人更不应该不管不顾见了面，一见钟情需要负担的责任实在太大，你有过更好的选择，没有必要为了一个遥远的我，永远都保持一个幼稚的模样。

毕竟，我能给你的抱抱，实在太少了。

凌晨3：00，摇晃的列车，我抽完一根烟，掏出手机，给你回复了最后一条短信。

"分手吧，晚安。"

那之后你再没有联系我，好像两个人都回到了原来生活的轨道，按部就班，我找了另外的人，你微博上面零星更新内容，一次比一次更让人放心，你也可以一个人独当一面承担更多。

嗯，算了，我的立场也没有资格发表意见，所以再见吧，那个要抱抱的你。

晚安。

6　可不可以不勇敢

30秒前挂断你的电话，愣了一会儿，才重新点开暂停的音乐，刚看到一半的书不想继续读下去，脑海里面有太多画面一下子涌进，实在是容纳不进一个文字。

想到上周并不愉快的见面，一路颠簸的风景和昏昏欲睡的感觉，竟然也变得有些许遥远。

很久都不曾动心过，但听到某些声音还是会有熟悉的错觉，你还在身边的那种错觉，大街上突然停下动作，回头看过去依旧是熙熙攘攘的人群，根本就没有人在意过谁。心里面留宿的那个人，早就走掉了，我也该收拾一下房间，挂上"吉屋出租"的广告了不是吗？

结果换来是一身疲倦。

见了三三两两的陌生人，交换几次心事，才发现内心更加空落落，还是不会有人住进来的。才会在实在想你到快疯掉的晚上用酒精灌醉自己，才会在梦里再次见到你，你在梦中依旧保持着清爽的笑容，用少年的声音对我说着绵软的话语。

真的在梦中才会把你构筑成我所想要的模样，说起来真的算是一种悲哀？

刚刚才发现，不知不觉中我已经与你相遇10个年头，从最初自习室不经意的遇见，到后来假借名义给你写信，少年时期的倾诉欲望总是太浓厚，晚自习课上写完了一张又一张的信纸，到后来发展到在熄灯后仍会趴在被窝里面借着微弱的手机灯光给你写我对你的心情，密密麻麻的小字将心里面所有空白都填满，一切的一切都是关于你。

彼时你不知晓我是谁，我依旧扮演着一位尽职的路人甲，只是在学校与你擦肩的瞬间，心跳莫名其妙加快了一个节拍。

当时总是一个人独来独往，仿佛多说一句话就会将你的秘密泄露出去，于是给自己设定了诸多角色，在自己的小说里面跟你谈起恋爱，分了手，又和好，如此反复，也没有凑足对你表白的勇气，哪怕是站在你面前给你介绍我自己。

　　我怕，很怕很怕，你对一个如此懦弱的我会嗤之以鼻，于是自说自话的情况变得越来越严重。

　　好在大学期间遇见了另外一个人，被告知哪怕是读过再多的书，看了再多的电影，抵达再多的城市，走不出第一步，永远都是站在原点仰望触不可及的你。

　　从那时候开始，渐渐试着与陌生人交流，即使被翻了无数次的白眼，依旧想要去认识更多不同的人，保持某种新鲜感，同时找到了你的联络方式，没敢给你电话，只是在某个大雪天里给你发了一条简短的短信"是我"。

　　短信刚发出去不久，你便给我回了电话，两个人都不知道该说点什么，沉默了将近3分钟，最后还是你开口说了所有信件都留着。那一瞬间，时间好像都在周围静止，能看见雪花缓慢落下的样子，原来我所有的心事你都知晓，并一一保存下来，某封信背后留下的联络方式你也一眼看穿那种小秘密，只不过在等我更主动一些。

　　接下来，7年后又一天的晚上与你相见，短暂的3个小时，KFC的人声鼎沸，你摩托车后座的温度，就是有关于你的最后记忆了。那天之后无论电话短信，你统统没有再回，我不知道哪里出了差错，我甚至连怎么去更改的答案都没有。

你消失了，我又等了你3年，杳无音讯的3年。

"世上有这么多的男人和女人，但很难遇到非他不可的最终爱人。那种感觉就像是为了寻找一粒钻石，必须过滤几十吨沙子一样，满是无止境的徒劳。"刚做的读书笔记上写着这样一段话，我本以为你可以成为最终爱人，到头来我也只是你眼里的一粒沙子，脏了你的眼，不问缘由便可以立刻抹掉的存在。

如果可以，我真的期盼没有提起勇气给你发最初的那通短信，这样我依旧可以扮演好那个想念你的路人甲角色，还会偶尔听到你的消息，让一场漫长的暗恋继续下去，不像现在，只能在十年又一天的深夜里，说一句。

我喜欢你。

晚安。

7 圣诞快乐

"刚结束跟朋友的聚餐，开车路过那条商业街，橱窗里闪亮的霓虹灯，适时飘起了一点小雪，熙熙攘攘的人群升腾出节日的气氛，情侣间那熟悉的的笑容，脑海中闪过的画面，就是那一年你靠在我肩膀上，带着一脸被宠坏的笑容问我们两个人会不会永远在一起。把车停在路边，才发现我真的想你了，拿了手机点了熟悉的十一位数字，给你发这条短信，想跟你说一句圣诞快乐，还有迟到的一句生日快乐。"

同样是刚结束圣诞聚餐的我，准备跟好友开始下一场，拉开车门手机刚好响起。虽然早就把你的号码从记忆中删除，可看到那手机尾号，还是第一时间想到在哈尔滨工作的你，那个只有你我才明白何种意味的笑脸符号，一下子湿了眼眶，赶忙抽过几张纸捂住鼻子。朋友关心地问怎么了，强忍情绪用一点哭腔说没事，只是鼻炎的老毛病犯了。

接下来的狂欢完全不在状态，只一个人傻呆呆地坐在包厢角落，拿出手机看了又看，手指停在回复键上犹豫。该不该回复你？三亚，哈尔滨，电波传播一个人的想念用不超过一秒的时间。可对你还有什么话好说？我也不知道。

"我一个人不孤单，想一个人才孤单……"

不知道谁点了JS的《say forever》，简单的旋律配上这应景的歌词。我原先以为我早就把你清空删除了，我忙碌自己的小生活，尽量在文字当中构筑一个新的形象来替代你的琐碎片段。有关于你的细节，我真的不想多触碰。同事和朋友们都以为我特别享受我如今的单身生活，也都相信我并没有恋爱过。他们从来都没有了解过，曾经我的生命中出现过一个你。

吉林到哈尔滨的火车全程时长两个半小时，常常在周六早上5：00的半梦半醒间看到窗外晃眼的路灯，一个念头就让自己从床上跃起打车到火车站买7：19的班次，为的不过是看你开门时候惊喜的表情，以及给你一个大大的拥抱，在你怀里撒娇说我好想好想你。你双手捂着我冻红的耳朵，小声嘀咕说你这个小笨蛋。对呀，小笨蛋当时是那么喜欢你，想天天赖在你身边，哪怕两个人各自捧着一本书，度过一个百无聊赖的下午，那也是幸福无比的时光。

总是恨不得重新填报一次志愿，这样就能与你在同一个城市，不需要经历两个半小时的颠簸才能与你相见。你听到我这天真的想法，宠溺地摸摸我的头，又笑我说，小笨蛋，这样你还会用网络认识到我吗？你到哈尔滨，遇见的又会是另外一个人了吧。

另外一个人？想到这，不禁又笑了笑，哪有另外一个人，回到海南后，自己恢复的我就是拼命维持的一个人生活，空不出其余的时间来想一个人，才没有让我的背影显得更加孤单。现在住的高层再也不会出现路灯透过窗的场景，也没有你的拥抱，听不见你的声音，自然我就忘了孤单是何种滋味。

"有伴儿的人在狂欢，寂寞的人怎么办？"

包厢里面的情侣自顾自地高声说笑着，摇骰声，混乱的歌声，没有人像刚才那样走过来关心我怎么样，也好，角落里面我看看自己左手的虎口，放到嘴边，轻轻亲了亲，真的挺像你温暖的嘴唇。

我记得每次在火车站，我都不愿离开，嘟着嘴不说话自己生闷气。你站在我旁边，拿我没辙，每次都是广播声催促到最后一刻，才百般不情愿地通过检票口，还自以为很清新玩三步一回头，直到真的狠下心一下子跑下站台，上了火车。

有一次你实在拿我没办法，牵过我的左手，往虎口处就是一含。小笨蛋，你喜欢的蔡康永写过有人会用自己的虎口练习接吻。现在我在你左手虎口上留下一个吻，如果你想我的时候，可以亲亲你的左手，就当是我给你的最好护身符。

去你的。你个无赖。我当时还能跟你逗趣打闹，现在真的想起你，只剩左手的虚假唇印陪我了。

"我边想你边唱歌，想象你看得着，被感动了，我被抱着，眼泪笑了。"

毕业了，还是没扛过家里的压力，拖着行李重新返回海南岛，没有给你说分手，我相信你也会知道我返回后想要的生活是截然不同的模样，所以自然而然想要把你淡忘。解除人人好友关系，取消微博关注，删除电话号码，似乎在做这些的时候，脑中就一直坚持告诉自己，少了你，我会有更好的生活。可今年的生日，真的耐不住一个人的无聊，约上两个朋友一起庆祝，还在自己的生日蛋糕上留了无聊的话语，依旧要当一个长不大的小笨蛋。你不在，当我最需要温暖的时候，靠一些虚假的幻觉，目前撑得过那些寂寞的夜晚。

　　我从来没想过，你会重新发一条短信给我，我会如此容易被击溃，或许两个人不应该断掉，却又为太明白彼此的苦处，不想勉强对方为自己改变，才变成如此境地。

　　最后依旧想不出该如何回复你的短信，回到家点开许久没有打开的空白页面，随意写下一些关于你的片段，你在电脑那头还会时不时来我的页面看一看，看见这篇文字。

　　吐气冒出的白烟里，仿佛又看到我走出火车站时，你站在人群中朝我微笑的样子。

8 去你的婚礼

"嘿，我知道这个点你还没睡，所以给你加急特快的专属短信，提醒你明天一定要准时到场，儿时玩伴。"

加班赶稿的时候，手机突然亮起，屏幕上面的文字一眼扫过就知道是谁发来，也只有你才会那么肆无忌惮跟我说话。刚结束单身派对在夜宵摊给我发来的短信吧？想到你明天西装笔挺的样子，思绪一下子全部停滞，没有办法继续刚才的小说，故事进程停在邂逅的最初。

忘了是怎么跟你熟识的。好像有记忆印象，你就是一直在我身边聒噪的所谓青梅竹马，小城市同一个小区，孩子都会自动被分组玩到一块去，小学同班到毕业以一分差距考入当地重点中学，又是同班，两个人学号差一号继续当了三年同桌，上课时候你好动，我常常被老师用来举例，说你能有我一半听话那就好，不过因为成绩突出，老师的口吻更像是在开玩笑，你也嘻嘻哈哈揽住我肩膀回了我要像他一样安静老师就该头疼了。

高中转学，你破天荒想给我写信，在新的学校里面接到你的信件着实给吓到，明明两个人都互留了电话号码，随时可以短信。信的最后附属上，还是觉得写信才能体现两个人的情谊，所以不准不回信，约好了。顺带画了一个简单的钩钩符号。你都多大了？要是把你给我的信件公开，估计会伤透当时暗恋你的女生吧？

不禁笑了笑，走到阳台点了根烟，黑暗中星星点点的火光亮起，凌晨3：00，索性还是让记忆继续拖着走吧，毕竟没有抗拒那段时光，今晚一下子消耗完感情倒也可以。

高中3年两个人的信件厚厚一摞，每年整理旧物的时都会重新翻看一遍，每次都能从中找到不同的切入点写一长篇话，负责我稿件的编辑对待此类稿件向来不用审核直接发表，还点名我就只写这类稿子就可以保持畅销，不需要做太多尝试，我不回话，下一次还是转变口吻，写得愈发冷静。我知道，如果再次陷入到那类情感当中，我苦苦维持的局面就会一瞬间崩坏，所以一年一篇，能提醒自己不要忘记就好。

　　抗拒做真实的自己，高一开始读不同的小说，代入别人的情感，接到你信件也能用不同身份去理解，告诉自己，真的不要考虑太多，简单回信就好。有时候你急了就直接给我拨了电话，应该是刚打完球扫了两眼我的信，还有点喘气的声音质问我啥意思，写了三页信纸，就回了简单生活描述，很不公平啊。我借口要去上晚修稍微糊弄一下就过了。你怎么可能知道，要写下对你真实的情感，恐怕几千字的容量都不够。

　　也许是压抑得太久，仅凭阅读也不够抒发那些情感，只好用笔尖将故事一个一个记录，你一封信，能拆分成好几个故事，分散掉不同的情感，粘贴在网络上，说给某个树洞倾听。几次忍不住，在宿舍床上辗转难眠，坐起又躺下，想拿起电话给你拨过去，终究是忍住了。对照那段时间收到的信件，全是你在向我炫耀你的小女朋友，两个人亲亲密密，等我暑假回去可以三个人邀约游泳喝茶，恨不得第一时间就把她介绍给我。

　　咬咬牙，最后拔掉手机电池，几天不愿意开机，最后在宿舍接到你的电话，火急火燎地，担心我是不是出了什么事故。听到你的声音，还是软弱，捧着电话，恢复原来的自己，三言两语间又带着些许挑逗的味道，你听到了也就安心，挂断电话前郑重其事告诉我千万有心事就得告诉你。

哈哈，你就是我心里面最沉重的心事，让我如何开口？

毕业考试，成绩两个人都考得不够理想，公布成绩当天，你拉着我晃荡在小城里，渴了就喝一口啤酒，其余什么话也不说，到最后直接两个人躺在大马路中央。你侧过脸，对我说："哎，就连考砸都有你在陪我，是不是太巧合了？"说着，手自然捏着我脸，后面半句不知道是不是酒精让我听错了。"你要是考个第一名就好了。"

我看看你，没有回答，直到天蒙蒙亮，两个人才慢慢散步回住的小区。

后来后来，你去了西南，我躲到东北，联络仅在寒暑假点点头，你有你新的生活，我慢慢用自己的故事赚钱，你大学毕业考公务员回到小城镇，生活过得惬意。我辗转在外，最后还是选择勉强过活地投稿工作，前些天接到你的电话告诉我你的婚礼，特别嘱咐我一定一定要参加，有了我你的婚礼才够完全。

烟渐渐烧完，天边也泛起了鱼肚白，从家里看出去，小区门口似乎看到了当年两个高考毕业生走回小区的身影，笑了笑，将烟头弹开，回到房间匆忙写了这篇文字，将一切放下，真庆幸当年你有将我放在心上，根本你就不用再证明什么了。

　　走吧，去你的婚礼，祝你幸福。

9 我不难过

"或许没有更好的立场给你发这条短信，毕竟两个人的收场不算太愉快，可今天一个人看到大街上洋溢着满满的甜蜜，想到你也曾经给过我同样的幸福，忍不住自己的情绪，想对你说一句，情人节快乐。"

汤圆刚好沸腾的时候，收到你的短信，草草关火，看到如此的内容，嘴角仍是耐不住勾了起来，暂时有点忘了两个人分开的伤痛。阳台外刚好绽放起烟火，绚丽的光投进没有开灯的客厅，一个人走到阳台，你临走前还没收拾的拖鞋还是摆放在原来的位置，一个外八的形状。那天最后的争吵，我还在数落你的懒惰，帮我收一收阳台的衣服都不肯。你噘着嘴，不情愿收了两人的衣服，折好，顺带连你的行李一并收拾完毕，晚饭时候留给我一句"还是分手吧"。说罢把碗放下，折回房间拉出你出差的旅行箱，我眼睁睁看着你做这些动作，不知道怎么去挽回，直到你关上门，唉，自己做的回锅肉放的辣椒好像有点多，要不然怎么会辣到我眼泪停不下来？

后来你换了工作，更新号码，旧号码只是怕老朋友会联络，仅仅偶尔开机，我多少短信都是石沉大海，两个人活在同一座城市，却再也没有遇见过。

他们都说失恋会变得如行尸走肉一般，没有白天黑夜，完全出神恍惚。但你的离开显得如此自然，我也只好依旧过好原来的生活，到今天也才发现很多有关于你的痕迹都没有删除，衣柜里面的那一块区域依旧留来挂你的衬衫和西装，你没收走的杯子，牙刷，毛巾，都完好挂在原本的位置。

想你有一天会回来。是呀，你这不是给我发了短信，我要不要给你一个电话？再问问两个人的可能性，说不定又可以和好如初，对啊，只是说不定而已。

朋友不是没有过来说你现在的生活，有了新的开始，劝我不要继续怀念你。可是，除了跟你一起的生活，对你的碎碎嘴，我早就习惯了，没有办法去改变。

　　两个人从初中开始，高中共同对抗两家的"围堵截杀"，大学努力奋斗考到这个沿海城市，你做设计，我留在家里写稿为生，一直到毕业后相处三四年，一切的一切，都顺理成章，并没有想过少了另外一个人，还有怎么样的生活习惯要去改变。多少次深夜赶稿时候，你心疼我，在我手边放下一杯热牛奶，拍拍我肩膀，劝我别太较劲，淡淡回了一句会早点睡，你揉揉眼睛返回房间，我喝一口牛奶，内心暖暖的，又有了更多的动力。

　　要换大房子，要有好车子，要证明给他们看，两人的生活能够有好多好多的未来，并不是别人说的那样平淡。每个牵着手在海边散步的傍晚，你会问我，后不后悔。看到夕阳下你坚毅的侧脸，我都摇摇头，告诉你，怎么可能后悔，现在的我只有你了。

　　当然会有争吵，两个人工作当中的压力，你因甲方再三修改方案的焦躁，我跟编辑争取我想要写的故事，回到家里，有时候也会因为细细碎碎的摩擦吵起来，冷战，又因为你外出带回了两朵玫瑰。我扑哧笑着说别拿月季糊弄我，你哈哈大笑一把抓住我，用在外奔波一天长出的胡楂蹭我脸颊。

讨厌，明明回忆里面都是幸福的片段，搞不清楚分手的契机在哪里。

你离开后，家里面对我也相对原谅了不少，今年过年通过姐姐委婉地告诉我，可以回家过年的，只要回家，家里面还是同样会接受现在的我，一个单身的我。电话这头，我不知道自己是什么样的表情，冲姐姐吼了一声，不回去，如果不带你回家，我才不会回家，就让我一个人死在外面。

连你都不要我了，我真的就是死了也无所谓。

一个人在阳台外不知道想了多久，外面天变回黑漆漆的一片，一阵冷风吹过，才想起自己身上只有一件单衣，还是别冻感冒了，一个人还是得照顾好自己，拉开玻璃门，你的电话突然播来。犹豫再三，接起，你的声音依旧，带有那点小沙哑，听得我快哭出来，但内容却让我更加伤心。

"那，那个，短信我发错了，不要想太多，你，最近还好吗？"你断断续续好不容易说完这句话。

沉默良久。

"很好。"我想我的声音应该冷冰冰的，挂断，不愿意再多听到你的声音。

浑蛋，早就知道你是一个安稳不下来的人，尽管我跟着你那么多年，你依旧在外风流潇洒，我怎么可能不知道，怪只怪自己放不掉你贴心的关怀和照顾，才这样原地不动保持原来的生活模式。

我不难过，一点也不难过，真的。

要睡了，晚安，迟到的情人节快乐。

10　暗恋

　　昨晚睡不着，半夜两点想着还是把没有整理完的文稿重新理一遍，借着台灯昏黄的灯光，翻到那本交换日记，你用铅笔作画的痕迹已经快消失，仅剩模糊的轮廓，正如你在我记忆里的模样。

　　那年你我都17岁了，一天要喝好几罐可乐，小卖部的老板娘每次看到我们两个人都会笑眯眯拿出两罐冰凉的可乐放到柜台上。夏天下晚修的时候，一人拿着一罐可乐绕着操场走，天南海北地聊，关于现在，关于未来，你一脸骄傲地告诉我，总有一天要离开这座小城市，谁都不能阻止你前进的脚步。

　　当时你笃定的侧脸，就已经透露出不符合年纪的成熟。说罢，你将手中的可乐一饮而尽，喉结上下滚动，说真的，特别性感。

17岁的更多空隙，还是在教室里，缓慢转动的风扇，每个人低头在草稿纸上演算的唰唰声，偶尔夹杂着手机短信来时的振动声，各自的父母都安排好其余琐碎，并不需要我们去考虑更多生活的棱角。你记得是谁先开始给彼此写第一篇日记的吗？

抱歉，你说过一毕业，绝对不会留恋以往的高中生活。你甚至不愿意分出一丝一毫的时间来给高中时段美妙的暗恋。我也就陪着你蹉跎了3年美好的光阴。我无怨无悔，日记里面我也不止一次向你明示暗示我的坚持到底为了什么，尤其是月考公布成绩时，你遥遥领先的名次和我不及格的数学成绩形成了鲜明对比，晚上躲在宿舍里面在日记本上用力一笔一画写下少年时期隐忍的情感，那种纯情，隐蔽在字里行间，凑出一个忘了何时开始暗恋你的过往。

你的回复从来都简短得让人觉得是遵照模板写好的内容。但我清楚，你随手信笔涂鸦才是你真正想回复我的。一个笑脸，一个加油的表情，一个生气的拳头，对啊，你一直都在规劝我要照顾现在的人生，为将来做好储备，如果不拼搏努力打开一个局面，懒懒散散到头来只会被困在原地，永远不会看到光明。

聪明如你，难道你不知道，我的世界里面有了你，无论到哪里都是一样的。无所谓更多，更远，更好，你就是最好最适合的存在。

时光迅疾，你自然往更远的地方飞去，你留给我最后一篇日记上面就只有短短珍重两个字。包含了多少猜测，到现在我都没有办法一一解读完全。

大学假期你还是回来了，同学聚会上面，一样拿着啤酒两个人把酒言欢，要是换成可乐，两个人说起来不算有太多太大的变化。只是你口中说出来那种大都市的优越感，你绘声绘色地说起你的大学生活，你的兼职，你的才华得到赏识，短短几年里面，你的努力看到了成绩。

那我呢？

终究是忍不住，借着酒劲儿，把你拉到包厢的角落里，凑到你耳边问出了这句话。难道这座城市里面，就没有一点让你留恋的事或者人？我耗尽全力争取到这个尴尬的位置，我不进不退，是更好一些。但我不甘心，怎么说我在跟你分开后的时候同样胡思乱想太多，闭上眼，想到的只有可乐冰凉的温度还有你帅气的侧脸。

　　没错，你没有回答，只是一脸嫌恶。

　　不用追究太多，自此之后，你也没有再回来过，或是你刻意避开了这样的我，两个人分隔到不同的世界里去。偶尔听到朋友提起你的近况，果真前途一片光明，顺风顺水，再过两三年在那个领域说不定也能呼风唤雨。至于我，找了份温饱不愁的工作，时不时更新一点小文艺的日志，无关于你，无关于我，不痛不痒在生活，并不用做太多规划。

　　失眠仅仅是少有的情况，想起你更是少之又少。

　　半夜三点，日记看到一半，窗外夜深沉，想了想，翻出手机，点到那个存了许久却从未拨过的电话，写了一条短信。

　　"我很喜欢你，那，你呢？"

11 陪他

由于手机不知道什么时候被偷，物色新手机的间隔期，只好用回旧手机。

界面一点开，就发现收件箱满满的有关于他的短信，距离现在最近的一条显示时间已有一些日子，内容只有简单的三个字，我想你。那时距离我们两人说再见不超过一个月时间。半年后重新看到这条短信，一时间不知道该用什么表情来面对，手指在删除的图标上停留许久，还是没点下去。

返回，点击锁屏，把手机放回一旁，假装忙碌，好像从来没有想起他一般。

在异地的他，应该还好吧？去年毕业假借酒劲把他狠狠抱住，鼻尖在他肩膀上蹭了几下，想要记住那熟悉了四年的味道，那种给人以最安全感的味道，要一辈子都记得才可以。

大学四年，只要他一通电话、一则短信，无论我在干什么，都能第一时间赶到他身边。有他百无聊赖在宿舍看到我气喘吁吁的样子，手指点点太阳穴朝我敬个礼，嘴上冒出那句"哟，来啦"，紧接着拿起钱包和钥匙，揽住我的肩膀就往外走；也有他烂醉如泥倒在饭店门口，我一个人撑起满是酒味的他，身上承受他的所有重量，耳边回响他酒醉的胡言乱语；我惺忪被短信声吵醒，他简短发来老地方三个字，于是以最快的速度下楼，往学校后门赶，那盏路灯倾泻而下的灯光，尤其是冬天，从他口中呼出的那团团白气，回过头看见我手中为他准备的风衣，咧嘴朝我一笑，把大衣往肩膀上一披，什么话都没说，我就跟着他绕着早已入睡的城市，一步一步地走，陪他散心。

我与他之间是有一种习惯存在的，完全掩盖了语言的意义。

4年当中，不止一次考虑过我们的关系，没听过多少他的失落，我亦不会把情绪的垃圾丢给他去处理。最多他也是在快要破晓的时候，耸耸肩，跟我说回去吧。口中也许还有隐含没有说出口的谢谢你，我亦不介意，回到校门口，一人买了一袋热豆浆，滚烫的液体流入身体，驱散一整夜的寒气。当时看着他的侧脸，是有很多故事走向在脑海中一闪而过，可我终究什么都没有做。

后悔吗？或许有一点，内心深处对他，终究会有一点依恋，想要和他有更进一步的发展，哪怕是牵牵手，便已知足。毕竟从他口中始终如一说出口的人称代词都是我和你，四年之间没有一次我们，即使是在他烂醉依靠在我肩膀上耍酒疯的时候，他都坚持这用我和你如何，我和你怎样，我和你就……

提到这里，没忍住鼻头一酸，想起他去年12月21日手机当中跟我说的，不如，就当作从来没有认识过？借口就是世界末日你都没有办法在老地方，两个人走下去，那不如把一切可能性都抹杀来得好。他一字一句说得清晰，太懂他，所以没有考虑回答好吧，之后把电话挂断。手机电池卸掉，第二天换了新手机、新号码，关于他之前的短信，以为能够不再见，便当做不存在。

终究是自欺欺人，就像大一刚走进班级，第一眼就看到教室角落里的他。他抬起头，笑了笑，眼神当中似乎也从我身上发现了一种默契，示意我可以坐在他旁边。那是第一次陪他，便观察到他坚毅的侧脸，微微皱眉的表情，这些小细节，忘不掉，无论以何种方式抹除，绝对无法忘掉。只是不会刻意想起罢了。

至于最后一次陪他，我因为早就找好工作，毕业酒会后第二天大早的飞机就要离开生活了四年的城市，不想要谁送行，班里的同学在酒会上喝得酩酊大醉，我却异常清醒。散场时他们他们提议继续第二场，我婉言谢绝，一个人回到学校宿舍，准备收拾第二天的行李。回宿舍的路上，夏夜的晚风将酒意完全吹散。刚到宿舍时候差不多12：00了，接到他的短信，熟悉的老地方，没有再多的话。笑了笑，即使最后他还是那么矜持，再看看宿舍，决定拖着箱子去赴约，陪他。在咯噔咯噔的声音下慢慢走到那盏路灯处，他看看我，露出一副我就知道的表情，上前拍拍我肩膀，照旧熟悉往前走，我和他4年里走过无数次的路线，一步一步，走得缓慢，不知道要怎么表达再见简单的两个字。还是在天亮的时候走回校门口那个早餐摊，唯一不一样的是他这次买了两袋豆浆，递给我，我看看他，不多说，接过豆浆，没敢在他面前喝完，转身拦了的士，把行李箱甩到车后座上，赶紧也坐上车，关上门，害怕多留一秒，都会忍不住眼泪。他远远看着我，还是没说出口再见。

却在毕业快一年的时间，看到他发了我想你三个字，可惜却不能像当时那样去陪他，毕竟我们之间相隔3352千米。

最后还是没有给他回短话，没有删除那条短信，补办完手机卡，新手机的包裹很快就到，又再次把他留在记忆的某个深处。或许有一天能再睡眼惺忪看到他发来的短信，自己能够在匆匆赶到那盏路灯下，去陪他。

12 故事的某段

"或许你已经忘了今日的特殊性，照旧是下了班，一个人走在这个大到疏离的城，商场橱窗的灯刚刚熄灭，秋风恰好吹起，上午出门前随意穿的外套有点抵御不住这种突如其来的寒冷。记得那一年的冬天，两个人一前一后走在江边，你手心的温度，带着一点汗湿的感觉。不知为何，想起你都是类似这样的季节，胡言乱语了好多，也就想跟你说一句，节日快乐。"

新的故事框架写到一半，手机屏幕突然亮起，是一个5年都没有联络过的号码。尽管早已删除，可看见1550这样的尾号，记忆搜索能对号入座的也仅有你一个人。

一段不愿意提起的初恋，让我这个多愁善感的姑娘又陷入到那童话般的往事。

其实不愿提起，但前阵子整理旧书籍的时候，看到那些夹在书中当作书签的各类票根，都像老电影一般，一幕幕在脑海当中闪现。

两个没什么钱的学生，省了一个周的饭钱，只为了一部或许没有什么人气的电影。就是喜欢电影院的黑暗，依偎在你肩膀的那种安全感。你身上散发出来那种阳光暴晒过的淡淡肥皂香气。

于是抱着你的手臂，力度又加紧了一些。

"怎么了？"

你总是会不经意问起，摇摇头，回你说继续看电影。真的想那一刻被不断拉长直到永远。

遇见你也只是一次意外。

大学时候喜欢在周末漫无目的在城市里面乱晃，随意搭上一辆公车，某站下车，往回走，沿途发现不同的旧书店。手头宽裕会买几本小说，最早村上春树的书便是在这个时期一本一本凑齐。

在一个飘着大雪的下午，又是相同的随意乱晃。推开一个常去旧书店的门，你站在前台准备结账，而放在前台那本书正是我心心念念想买了好久的《遇到百分之百的你》。我曾经嘱咐过老板，如果有的话一定要为我留下。

那时的老板看到我走进店里，用他东北话热情的口吻说："不好意思啊，这也是常客，你的那一本等下一次，好不好？"

你刚好回头，看看我，我不知道那时候我给你的第一印象是什么样子的。但在我眼里，3：00便暗下的天，书店里的灯光昏黄，在你身上剪出了一个好看的轮廓。你冲我一笑："也喜欢村上春树？"

我点点头，可能还有不甘愿地努努嘴吧？毕竟已经距离有7年之久，总会刻意美化某些不一样的细节，跟你再面对面讨论保不准两个人又会拌起嘴来吧？

后面自然而然聊了起来，大雪天两个人肩并着肩在吉林的街道上漫无目的走着，就好像当时听的歌一样："雨天找到一杯茶，我的笑声找到了笑话。"

那时大学生活的失望失落，却没想到可以遇见了一个如此兴趣相投的你。

但真要算起来，两个人也并没有说出在一起的承诺。只是那两年里，每个周末都有了不同的期盼，新发现的旧书店，专门播放老电影的电影院，无人散步的江边，我们的话题好像永远聊不完，就像你短信所说的一样，我牵着你的手，一前一后慢慢走，时不时回过头看看你，你脸上的笑容只要闭上眼就能清晰出现在脑海里面。

是喜欢吧，是真的对你很喜欢，很喜欢的吧？

但为何不敢开口要一句承诺呢？

无论对于你，还是对于我。我们两人仅仅止步在很有默契的这一环节。

尽管我内心早已认定，你真的恰好符合了我关于恋爱的所有想象。先前在小说里面描写的一言一行，全在你身上得到一一认证。

那时候真的很怕，怕谁先开口，这份默契随即会消失。

只好在无趣的专业课上跟你吐槽老师的枯燥，放假时期用500万像素的照片告诉你有点想你的生活，备考前期看书快要发疯的心情。都是用短信，一句一句你来我往。

那晚，你专门带我去江边，放了好久的烟花。刚刚入秋的吉林，晚上还是有一点点寒意，也是一阵秋风吹来，便会冻得人瑟瑟发抖，我只好躲在你外套里，头刚刚好抵着你的脖子。

"有点痒痒的。"你环抱着我，口气里面带着些许宠溺。

"要不，接吻吧？"听了你的话，我回过身，捧着你的脸，轻轻在你的唇上亲了亲。

紧接着便是两个人长久的沉默，烟花也不知何时燃放完毕。

"晚了，回去吧。"最后还是你说了那么一句，牵着我的手往回走。

唉，为何要说起这段凌乱没有办法整理的记忆，故事的终点便是在那一吻后两个人渐渐显现出尴尬的气氛，最后在某天删了你的号码，决心不再出现。

文艺又矫情，以至于到现在都对亲密关系有点适应不来，还是一个人的生活来得自由自在。

谢谢那段初恋幸福了我的过往，也谢谢你突然想起了我给我发来这样的短信。

可是又能代表什么，我已经失去了奋不顾身飞去你城市的勇气，只能写下这故事的某一段，最后再跟你说一声。

13 最熟悉的陌生人

"你是不是已经喜欢别人了？"

睡前收到你这一条莫名其妙的短信，以为是你又在哪间酒吧喝醉，跟朋友打赌，群发给暧昧对象的大冒险吧？你可能忘记去年台风天深夜我一个人开着一个半小时的车冲到你在海边的酒店房间送一个充电宝再自己回家的事情了吧？

于是没在意，继续看电影。

没过10分钟，手机又嗡嗡响起。显示是你的名字，不想接，摁掉。又响起，再摁掉。第三次还是响起，好吧，看来是动真格了。

"嗯？"语气有点抱怨，毕竟已经12：30了，明早还得上班。

"喂，我问你，你是不是已经不喜欢我了？"

哈？亲爱的，不要闹好吗？大半夜我接了你这样一个醉鬼的电话，如果不是喜欢你，我还会接你电话吗？赌气地不想理你，保持沉默。

"好，不回答，你行。"大概5分钟的僵持，你投降，把电话挂断。

跟你认识不过一年半的时间，虽然我承认在最初是我对你一见倾心，对你干过很多自认为很伟大很超越道德的事情。为的无非是见面那一晚两个人默契十足的交谈。如果强迫自己回想起来，甚至能准确说出被你握住手时我的心跳频率有多少。

本就是一点着就火急火燎的性格，加上二十来岁，有大把的精力和时间足以用在撩你这件事情上。无论是写情书，买一张机票去你出差的城市就为了看你工作的侧脸，等等，这些建立在喜欢一个人的基础之上，在我看来完全不能算是付出，毕竟这都让我甘之如饴，让我觉得在我喜欢你这件事情上，我是愿意的。

但差错或许就出在两个人没有办法将喜欢同调。你回看以往的微信记录，假如你没有删除的话，或许我应该一页一页截图给你看一遍。我开心地与你分享刚上映的电影，你跟我说那演员的演技烂透了；我跟你说最近读到感动的书籍，你用一个哦字敷衍我；我对你吐槽办公室同事的事情，你义正词严对我说能不能不要这样嚼人舌根。面对你的态度，我不好多做评论，只是这几天在整理有关于遇见你后的记忆，我才发现的这些细节，在当下真的被我忽略了。

你说，我做人太负面，想象力丰富又总是预设太多美好的故事情节，假如一步走错没有满足便容易歇斯底里。亲爱的，如果恋爱时的我不设想与你的美好未来难道要直接考虑分手后的场景吗？

不对，打从一开始你就没有想和我发展一段稳定关系的打算。都是我自己一个人一股脑想要为你做点什么，才会给你带来困扰，真的对不起。

那，既然是两个陌生人，充其量只不过是拥有过几个美好夜晚的两个人，怎么会好意思提起来一方是否喜欢另一方？这一点都不符合你告诉我的成年人的游戏规则啊。

也许真的，我就把记忆定格在遇见你那晚，你抱着我，在我耳边轻轻唱："我俩依偎亲亲，说不完情意浓，我俩依偎亲亲，句句话都由衷。"这场景慰藉了我在每一次感受到你莫名冷漠时的低潮。

因为我没有办法跟别人分享你，我的身份不够资格，我甚至找不到一个朋友来说说遇见你的这件事情。对了，也许你也不会知道，朋友圈那每晚意有所指的短文和晚安，只有你一个人才看得见。

我试了每一种或许能在你心中增加分量的办法，哪怕现在回看觉得自己是一个特别犯贱的笨蛋也好，只需要其中你给了我回应，也不会发展到我在电话里对你沉默的境地。

心会累的，亲爱的，尤其是对方像你如此豁达，如此看穿世事，如此不食人间烟火，我一年半来每天的早安晚安你都看不见，又何必在我不理你的第三天来问我是不是不喜欢你了？

多无趣的一个我还能唠唠叨叨这么长时间，我仍在喜欢你，只是我想可不可以给自己另外的一种可能性罢了。如果你不舍，也请你别再把我放在最熟悉的陌生人这个位置了，我要你的一句承诺而已。

14　去见你

游完泳，感觉到气温还是有些许下降，今年夏天就这样过去了吧？

前两天才跟朋友感叹这个夏天就这样悄悄结束了，他有一些秘密没有告诉我，而我想了想，貌似这个夏天浑浑噩噩就过去了，没有一点值得记忆的事情。

也好，今年也不会特别纠结还能够编写点神奇的故事，只用平白直抒的方式，会看稍微长一点文字的人，浏览量不剩几个。

特别要写给某人的文字，就只好记录在随身的笔记本当中。

跟一堆尸体、神经病、发疯的消极字眼混在一起，哪天说不定翻看，会自然而然对你产生厌恶感吧？就是会产生一些莫名其妙的念头，后自己跟自己较劲坚持着没有回报的付出。好比听到电话里的忙音，还有说不定下一秒就可以拨通了。

早就该醒醒了不是吗？

于是乎这一整个夏天才来不及去制造回忆给自己。漫无目的的晃荡，你的身影也不会出现。我明明知道你飞到了一个陌生的广州，那里立交桥一下子可以分叉成四层，一转眼就能消失在人海中，如果不是刻意，一生都不会再遇见。

我想你也不会记得，去年在耳边说过的不如在一起试试？

彼时见面过，是彼此都有好感，黑暗的公园里面两个人牵着手都要预防被人发现，神经兮兮的样子想起来也是特别有趣。猜不透你想什么，你也会突然说想我，就特地绕到我单位等我下班，我从单位跟同事走出来时候，你看到没有打招呼就走了，之后微信多了一条信息，刚想你，所以见见你，见到了，我就回去了，以上。用的言辞都稀奇古怪，我四处搜寻，看到你朝我晃晃手机，哎，一点都不怕的样子。

于是公园的长椅上，也曾考虑两个人在一起的生活。但你提出不如在一起试试的念头，我不知道哪根筋搭错，回过头看看你，终究婉言谢绝。当下觉得这样一个没办法安定的我，哪里能轻易跟一个人恋爱，又或许说没有人能够安定下来。一瞬间看到你眼神里面的失望，也只能装傻，积极讨论晚上的电影要看哪一场。

相约时间，发现两个人晚饭都已经有约，只好选了十二点的午夜场，《被偷走的那五年》。结果两个人都默契提前结束，八点半刚想给你电话，你的短信就已经发来，"好了没？我在XX等你。"第一次约见面的咖啡馆，看着文字自己在公车上傻笑了一阵，想着不如就答应你好了。

见面，趁着没人注意，你大胆凑到我身边，吻了一下。脸立刻通红，生气把你赶到对面座位，服务生过来询问我不好发作，只能假借看菜单的间隙用眼神恶狠狠瞪你。你倒不管不顾，一脸痞子模样冲我笑着。

极少跟人进电影院，常常都是一个人选前三排的中间位置，一个人跟着电影人物的感情悲欢离合，看到烂电影吐槽出声，周围也没有观众，怕什么？而唯一一次跟你进电影院倒是不同，完全没在意电影的剧情，白百合和张孝全演了什么不知道，满脑子都是你好看带着一点坏气的侧脸，还有座位下你悄悄伸过来牵住我手的温度。

电影散场，夜宵，你还刻意问起我，在一起后能不能不跟以前的朋友来往，就我们两个人，好好经营自己的小日子。

犹豫再三，终究摇摇头。

你没发作，还是跟我回了房间，睡在旁边紧紧抱着我。觉得愧疚翻了个身，跟你面对面，就那么看着，突然你笑了笑，在我额头留了一个吻，告诉我说没事，别介意那鬼话，睡吧。

后来，你告诉我说跟同事打了一架，再也不想受那莫名其妙的气，写了辞职信脱下那身制服，用三天时间定下来去广州的工作。

"那我呢？"没忍住还是给你发去了这样愚蠢的话语。

你我的世界不同。你只告诉我这一句话，后面再未联系。有时候想起你，给你发微信，看到那几个讽刺的发送好友验证，才感觉到是真的再也联系不到你。心情低落了好几天，朋友邀约通通拒绝，后来想想不对劲，还是恢复正常的作息，再没跟新的人有任何暧昧，倒不是不想，只是发现那些人不像你，可以如此合拍，淡淡的日子过着吧，无妨。但依旧保留你的图标在联系人一栏内，怕某一天你回来海南，再次成为好友验证，多傻啊。

一年时间又过去，今天从泳池走出来，感觉到那丝丝凉意，才想通，如果还是把你放在心里面惦念着，永远不会有新的开始了，于是拿出手机，终于把你的微信图标删除，放弃最后一丝希望。

但偶尔还是会想起第一天，我在出租车上，听着你电话那头不停数落我的迟到。我心里面却一直带着迫不及待的心情，拉开了咖啡馆的门，铃声清脆，你在角落，见到那个样子，世界好像一下子真的清晰明亮起来了。

晚安。

15　我曾经眼里只有你

时间过成了一种惯性，每日都是不断地反复，唯一区分的也就是读书笔记上面改变的日期，心情倒是看到了怎么样跌宕起伏的情节都显得如此平凡无奇，恐惧某种改变，于是用更大的精力去将生活经营成一种模式，自动化，不需要考虑太多。

跟那一段陪在你身边的时光相比，现在真的就像静止了一般。

午后三点的阳光穿过图书馆的落地窗，碰触到空气当中的微尘，似乎能看到时间的质感。手机屏幕突然亮起，看到你发的笑脸符号，从书中的世界抽离抬起头，看见你在拐角的书架那，脸上带着满满的笑意冲我挥挥手，我回以一笑，后指指我对面的位置，示意已经帮你占好位置了，你捧着那一大本的专业书籍自然而然坐在我对面，自然而然翻开书和笔记，我知道你又不小心睡晚了，嗯，继续开始看书，偶尔抬起头看到你低头抄写的剪影，真是当时难得的幸福之一。

跟你认识的过程算是比较离奇的，那天大雪，本来不打算出门，上网却看见喜欢的新书已经上市，最后挣扎不过还是全副武装到宿舍去了。你后来回忆说，那天突然感觉有光亮起来，谁知道一回头就看到正在排掉肩膀上的雪，似乎就一见钟情。于是假借浏览书柜，默默跟踪我，最后还是一鼓作气撕掉便签字写下"我想认识你"，留了你的电话号码悄悄丢进我羽绒服帽子里面，紧张地赶紧离开。

三天后我才发现那张纸条，试着给你发了短信："是你吗？"

你的电话随即拨了过来"谢谢你，没让我等太久"，听见电话那头你放松的口气，实在太有趣。

你总是这样的，想到什么就第一时间以自己的方式表达出来，跟你相处的人都会自然表现出最放松的状态。不知道你有没有发现，你想要的，过了不久都会有人帮你实现。虽然你表现出来一副无所谓的样子，但每次听见你口中说出谢谢你三个字的时候，还是会让人内心有一种满足感。

　　我也不知道两个人为何就走到一起，聊天过程才发现合拍的地方很多，一个人能够处理好多事情，到 KTV 唱歌，电影院前排的音效，读书笔记上面胡乱涂鸦的心情，甚至是选择去澡堂的时间都会莫名重叠到一起。默契地微笑，接着一个人的无聊变成了两个人的独处，旁人或许不懂，但你明我了，就足够了。

　　"嗯，这样就算在一起了吧？"看书到一半，你伸伸懒腰，喝了一口拿铁，突然对我说。

　　"嗯？"我没反应过来，但抬起头看看你，笑了一下。

　　"既然是在一起了……"还没说完，你就凑到我面前，嘴唇轻轻碰了一下我的嘴唇，动作自然得像是事先演练过。"啊，初吻的味道是这样的啊。"你又埋头看书去，剩下我愣了好久，才回过神来，你刚才亲了我，没有考虑到周围有三桌客人，吧台前的老板还在为新来的客人冲泡咖啡，老板养的猫趴在窗台那打着哈欠。

　　有人注意到了吗？你吻了我。

　　要真的一件一件写出来，恐怕用十万字的长篇小说才能够填充进那段日子。

　　后来后来，也都是很平凡的结尾，毕业了，还是很理智负责选择了各自的人生，你北上，我南下，返回家乡，我不知道你现在的生活过得如何，毕竟你只擅长单对单地面对面相处，不似我还会在网络上面八面玲珑与各类人交际，看得到我外放的轨迹，却找不出你内敛的生活。

不管了，怎么说有过那段小日子，便足以怀念长久。

晚安。

16　你广州，我海口

　　两天前的晚上，刚刚唱完K，一个人走到公车站，本想继续电话给朋友问问是不是还有酒吧局可以来一场不醉不休，手机刚拿出来就看到公车到来，耸耸肩，还是算了，戴上耳塞搭上公车，决定回家吧。

　　或许你不知道吧？三年没见的时间，这边也有了些许的改变，相邀约看电影的那家咖啡馆，由于经营不善早早收掉了，再也没有周五下班后火急火燎赶回家做饭然后踩点赶公车的情况出现。还有我周围的朋友越来越多，跟打打闹闹他们一点都不相信曾经我是一个人独来独往不愿意多说话的人。厨艺进步，偶有小失败，但都是一个人吃，倒也无所谓。你呢？三年前在美兰机场给我留下一个背影后，现在的生活还好吗？

　　当时两个人的年少轻狂，所赚月工资不过三千出头，还要顾及两个人的见面，周五晚上草草订了深夜航班，因为便宜，现在也能轻松描述登机时候放眼望去看见的浓浓墨色的黑暗，下飞机时候在出口处，你强忍睡意的那张面容，轻轻给我一个拥抱，在我耳边说"到了，待会好好睡吧"。说完牵过我的手走出机场，拦下的士，车上我带着小兴奋跟你说两周来的生活趣事，即使是每天都通电话说过的琐碎，你依旧听得津津有味，偶尔会拍拍我的额头，"乖。"语气里面带着宠溺。

　　转换过来我在美兰机场接你时，同样差不多的情景，那段日子里面，两个人所赚的几乎全部耗费在了机票上，吃饭尽可能在租的屋子里面解决，最拿手的泡面、可乐鸡翅还有你喜欢吃的腊肠焖饭，现在要控制体重都很少再碰，反在周末有大把时间可以研究煲汤，小火慢熬，香味溢满房间，当作是还有谁在陪伴我一样，听起来多么傻。

　　两个人当时相处得特别紧凑，依偎在你怀里的时间总是嫌太少，返程变得依依不舍，总是要等到广播催促只剩三十分钟才心不甘情不愿地登机。

　　开过玩笑，要赚大钱，像赵本山那样土豪买一架飞机，到时候谁还在乎异地恋的苦闷。你我都知道笑笑也罢，两个人在视频里面各忙各的，看到喜欢书的片段，大声朗读出那个片段，迫不及待要与你分享。

"每个人都有自己喜欢的生活方式。尽管一个人喜欢什么样的生活方式不能由自己做主，而是在这个人还是孩子的时候由种种复杂的因素杂糅而成。"

你低沉的嗓音给我念出这一段话的时候，我举起手边的书，同样是沐童《寂寞的撒旦》，我接着给你念下去"从小到大我是习惯了寂寞的，但是我不习惯在痛苦和懊悔中自责的寂寞。以往的寂寞中，我可以找到很多事情做，但是现在着一些对我而言都成了负担和罪恶。"

视频那端的你笑了笑，放下书，举起手来双手空抱了一下，我配合地往前依靠。只能用想象，假装耳边听得到你的心跳声，咚咚，咚咚，真的很有安全感。

写到这一段，忍不住鼻子抽了抽，对啊，即使异地恋，两个人都能用这些来配合，但三年前究竟是哪里出了差错，你留下一个背影，毫无征兆，你发来短信。

"我累了，分手吧。"

或许就是文艺青年那种别人永远无法理解的思维跳跃，

一下子对未来考虑得太多太复杂，而反望现实又发现自己的渺小无力，我只能这样安慰自己，不是我们彼此是错的人，只是因为我们都太明白四百多公里的距离已经太远，现代工具怎么缩短，都没有办法再让心的距离更近一点点了。

你才会说分手吧这样严重的三个字，是吗？

分开后，我换了工作，有了一些小积蓄，今年申请贷款买了房子，小户型装修后倒也有几分模样，一个人买了一张两米的大床，是不想让房间看起来那么空旷，彰显我一个人的孤单。

不是没有尝试过再去爱，终究无果，那只好保持这无依无靠的状态。

那一个人回家的晚上，走进电梯前想你的心情突然袭来，拿出手机给你发了短信。

"你广州，我海口，我好想你。"

"嘀嘀……"提示信息发送未成功，电梯屏蔽了我想你的信号，15楼，到家了，后面想想还是不要矫情，点点点，轻松删除信息，生活照旧。

晚安。

17 乖

从口袋里拿出钥匙，一个不小心整串钥匙都掉到地上，发出清脆的声音。

楼道里面突然亮起了光。

"要有光。"隐约中好像听到楼梯拐角有你的声音。摇摇头，今天真的喝得有点多了，你都搬走一年了，怎么可能还有人在跟我开这样幼稚的玩笑。

蹲下把钥匙捡起，开门前还是忍不住往拐角看了看。

空无一人。

被工作的电话吵醒。

头疼欲裂，一边应付着电话那头火急火燎的情况，一边用脚拨开昨天随意脱了扔在地上的衣服。懒得去整理，拉开衣柜，还是你离开前帮我整理的样子。随意抽出一件白衬衫披在身上，挂了电话，依旧看不惯，附身捞起地上的衣服，全部丢进洗衣机里面。

被你培养出来爱干净的习惯，实在是没有办法忍受家里凌乱的模样。

转身抓过洗漱台上面的牙刷，挤了点牙膏，才发现口杯里面还插着你没来得及带走的牙刷。笑了笑，抽出那支牙刷丢进一旁的垃圾桶内，毫不犹豫。

终于，去实践了说好的要抹除彼此痕迹。

在合同上面郑重签下了自己的名字，跟客户礼貌地笑起，助理询问今晚的庆功宴是否订在老地方。回过头看到落地窗外面的天气，阴天，随口答应了助理。

待客户刚离开办公室，看看自己的手机，联络人里面想要通知的人不过你一个。也就只有在我兵荒马乱加班的时候，夜深了起身发现我还没睡，轻声走到厨房给我下了一碗面，端到书房，拍拍我肩膀，叮咛我别太劳累，没必要那么拼，享受一下当下的生活多好。

你不是知道的吗？为了两个人能更好地生活呀。

二十七楼办公室外的风景，你现在还在这座城市的哪个角落里，我很想知道，理智却劝告我，散了便是散了。

有过三四天的停滞期，在你刚离开后的两个月后。

即使有照常上班，但那只不过是之前在身体里面设定好的程序在工作，至于脑子里面回放的全是你的笑容，你赖着我要性子，你在大街上直接掉头就走，你思考事情时候不自觉咬自己的下唇。你给我录的歌曲，还在电脑里面的某个地方，刻意去找也许会找得到，你没有删除的话。

你说过只给我一个人唱歌听，其实你声音低低沉沉的很好听，你都不自觉，还非常羞怯。只要去KTV里面你肯定是活跃在喝酒那一边的人，然后时不时拿一杯酒到我面前，撇撇嘴说我喝不下了，你快帮我喝，不然那群人绝对不消停。

啊，为什么，为什么，我们是为什么提了分手？

没有频繁的争吵，没有过多的冲突，都没有。

仔细想想在你说要离开前的一个月，我几乎都是在书房里面一个人忙活自己的事情，你在卧室里面上网，找你的文艺电影，跟朋友聊得不亦乐乎。有时候是只有我一个人在家，你在外面喝得半醉回来，一开门便搂着我要亲亲。

好像就是这里，我用工作理由拒绝你，敷衍地亲了亲你，安抚你睡下，一个人又回到书房里面看那些恼人的数据合同。

这不是犯贱吗？

我们的年纪差了四岁，在一起那年我二十二，你十八。

初入社会的毛头小子，和阳光帅气的文艺体育生（你自己给自己的称呼，我到现在都记得非常清楚）。怎么认识在一起的？

无非就是那些无趣的聊天室，你打打闹闹，给我留言，说见面。彼时不过想找个人说说话，毕竟在工作时候不能开放讨论自身的性向，那等于自寻死路。

结果一见钟情，俗气的戏码。

在一起默契了八年，你终究长不大，离开。

"生日快乐。"

睡醒发现手机上面有了你一条简单的短信，才想起今天是我三十岁生日。不清楚要不要回复你，一个人呆呆坐在床上。

想起了以前我在刮胡子时候，你赖在床上抱着被子，说要给你一个早安吻。我笑笑，摸着你的短发，跟你说一声乖。

是太懂了，是太了解了，是太理智了，两个人即使缘分未尽，倒不如让那一声乖变成一段回忆，两个人在城市里面绘制不同的轨迹才好。

拉开门，外面是过来帮我张罗婚礼的朋友们。

再见，那段旧时光。

18 你那边，天气好吗？

六月即将过去，接下来是燥热和雷雨，还有冰凉的啤酒加上毛豆，好好享受夏天的时候，如果兴致高一些，约上朋友驱车找一片荒废的度假海滩，看被海风侵蚀得斑驳的砖墙，还印着颜色鲜艳的热带花朵图案，似乎感受得到旅游鼎盛时期这里的热闹，就像内心空落落的某个角落里，那里曾经都是你的身影一般。

寒暑假没啥钱，基本七月份是两个人拼命打工挣点可怜的薪水，为八月份的旅行准备。当时一天可以兼三份工作，家教、小时工，晚上还要跑场酒吧唱歌，往往两个人回到家都累得像狗一般，简单洗了热水澡，拿出旅行表确认一项活动又有希望时候，两个人都变得特别开心，相拥在那张一米五的小床上沉沉睡去，累吗？或许累吧，但单纯两个人都觉得特别值得。

　　长白山，故宫，五大道，兵马俑，珞珈山，中山陵，能列举的地方数不胜数，后来的工作也因出差重游过这些地方，但接待的公司员工再次说出相同的解说词，我都感觉跟当时两个人混导演听的讲解差太多，甚至不如你靠近我耳边调侃那个导游又说错什么了，你的汗水顺着脸颊滴到我肩膀上，那点滴的声音我至今仍记得。

　　对呀，现在工作环境改善，每天冷气调到最低，喝下助理准备好的营养饮料，便开始一天的厮杀，偶尔需要再提起精神应付晚上的相亲，那比接待都要辛苦，假笑间交换彼此的情报，最后估价是否进阶下一段，回到家也是挺晚，澡都懒得洗整个人瘫在那张大床上不愿再起，第二天迷迷糊糊冲完澡，周而复始的一天又开始了。

　　钱挣得不少，实在寂寞时候也会找些人释放欲望，那些人趴在我怀里，一阵阵厌恶，真讨厌现在的自己。

　　要说忙碌最好的一点，应该就是想你的次数渐渐减少，你的空间豆瓣微博页面定期会隐身浏览，夜深人静给自己再灌一杯咖啡，继续开始写新的工作计划，投标报告，总结，天蒙蒙亮下楼到24小时便利店等最早一班补货车，在未关的路灯下喝完整瓶牛奶，确认行程，今天还要飞下一站。

烦吗？不都是自己的选择，不需要抱怨太多。

即使你在，你也会用逗趣的语气告诉我既然是男人，责任还得放在第一位，不然花点钱变性更好。说完用笔点点我的脑袋，暗示我不要吵你做读书笔记，旁边还有你进行到一半的小说。

对呀，我都忘了当年也是在书店遇见你，两个人手同时伸向吉本芭娜娜《哀愁的预感》，后没忍住两个人搭话，同是俗气的文艺爱好者，却又臭味相投，同是看着郭敬明、张悦然、颜歌度过高中年代的。哪怕是第一次接吻也选了放烟花的跨年夜，你突然说了不如，接吻吧？紧接着手顺势环抱我的脖颈，嘴唇轻轻贴着我的嘴唇，那一秒，才叫永远吧？

现在工作出差时，在机场的便捷书店，找得到你写的书，网络搜索，你在偏远的一座小城写作，你还是像当年一样喜欢用笔写稿而坚决拒绝电子产品吗？几次飞到你办签售的城市，犹豫过要不要做一会小粉丝跟你索要签名，想了还是笑了笑，手画掉刚写错的评估数字，既然分手了，又何必做作？

又是出差，因为是深山度假村，房间没有空调，刚入住那会儿下了一场大雨，空气清新，突然想到那年两个人也是在六月，因为两人面临毕业，花了一点钱住到了类似今晚的房间，两个人牵着手在湖边散步，你突然说分手吧，迟早会分开。

对呀，两人都太明了彼此性格，担当家里的期盼，你继续追逐出书的梦想要北上，我回到老家在商场打拼，无论谁都不愿意阻止彼此，所以不要争吵，和平分手才是最好。

我不知道你会如何想，在你故事里面从未看过我的身影，只是我在特别特别低落时会想到你。

想给你发条短信，问一句，你那边，天气好吗？

但算了，晚安。

19　管他什么爱人

最后还是没有说太多话，你拉着行李头也不回走过安检，口腔里面还有些许你抽的烟草味道，算是你留下来的最后一点怀念，耸耸肩，学着你的决绝掉头就走。

车上放着两个人通宵选的曲目，《Everyone is gay》，欢快的节奏，我还记得两个人在某个周五晚上突然决定开着车过海去看看，在港口候船的时候，伴着这样的音乐忘情地吻着，怎么一分开，第一时间冒出的回忆会是这个？一点都不浪漫，明明是有更矫情值得炫耀的片段才对。

"别想我。"

手机屏幕突然亮起，看到你在候机室发来的短信，简短得不需要解锁屏幕就能读完。

特别符合你的风格，不会像我一样胡思乱想，想到自己歇斯底里还要表现波澜不惊的模样。你也不止一次提醒我，我不需要如此，有情绪就表现出来，别总一个人扛着，配合别人步伐，太难了。

哈哈，你又不是没有参与过我的过往？那些被人排斥，无缘无故周围一个人都没有可以说话的讨厌感觉，我不愿意再次经历。所以我只好故作坚强，变得很开心很伟大好像谁都没有办法打垮我，即使是你说了离开，我在返程的高速路上，依旧笑得很开心。

随机播放到邓丽君的《何日君再来》。愁堆解笑眉，我还记得你问我要不要在一起试试的那天晚上，借着酒意，我在KTV里面继续卖弄风骚唱起这首歌，我害怕第二天早上，你又告诉我一切都是开玩笑，不算数，君不再来，我亦欢颜生活，一杯接一杯，喝得不省人事。

但你没有，一个月后，从你口中自然而然脱口而出以我们为单位的称呼，着实让我真心感到，幸福就此来临。单身二十几年，等的无非就是这一刻，热情拥抱你，搬进你大大的公寓里，晚上窝在沙发里面看高清大片，脚逗趣扫着你的脚毛，你沙哑的嗓音说："别闹。"忍不住又亲一口你的侧脸，咬一口你的耳垂。

对啊，就是容易肆无忌惮在爱的人面前表现得特别幼稚，说话不经大脑，就想赖在他身边，一辈子，一辈子说起来不就是很简单的事情吗？你相信，我相信就可以了。不过以为这样吓跑了不少好男人，他们说这样简单的我太复杂，让人难以接受。

于是我一直以来接受的不过是朋友的身份，偶尔无聊陪着其他人宣泄一下寂寞，再没其他。

我就以为我的人生这样子了，一个人打打闹闹，爱人终究属于奢望。

偏偏我身边有个一直陪着我的你，你心疼我的坚强，也告诉我在一起试试。

恰恰因为这样，我并不擅长处理爱人这样关系，直来直往，破坏了好多我们之前的默契，我的理所当然一次又一次挑战你的耐性。

终于你累了，你说休息一下。

带着行李，分手，到海岛外发展，接受家里人未婚妻的安排。

呼，真乱，没有同情的余地，我把车停在高速路旁，看着飞机飞过，轰鸣声盖过了我的哭声。

　　就只不过回到一个人的状态，我能适应，别担心我，不要给我短信，别说什么别想我，我不会想的，就这样。

　　晚安。

20 谢谢你

不确定刚刚在K房看到的是不是你的背影，虽然想很想追上去确认，但看看旁边的朋友还是作罢，视线直到电梯门完全关闭才终于回到朋友的身上。

走进包厢后把手机拿出来看一看，没有短信，估计是看错了。

竟然产生了给你挂一个电话的冲动，从那天收到分手信后第一次想听一听你的声音，当作是安慰。

疗伤期花了半个月，终于走出来，之后只听恋爱中快乐的歌曲，至于那些悲伤的歌词，自动屏蔽，那每一首情歌不都唱着我们的过往。你的亲近，你的软弱，你的热情，你的目光，都会让人第一时间融化，怎么说恋爱之中的我们，都是无比幸福的不是吗？

"当岁月像海浪带我到很远很远，在望不到边听不到爱的每一天，我用相信明天编织了一个谎言，欺骗每个辗转难眠的夜。"

刚认识的朋友点到了这首歌，刻意加大了吼骰子的声音，其实心里面突然怀念起了关于你——荒废了很久的记忆。为了不让别人看出有所触动，只能屏住呼吸，输了，多喝两杯酒，或许能把回忆压一压，不去想起。可是，怎么有那么简单？最初表白时候也是在这样昏暗的场所，你唱了一首又一首我在日志里面提到的情歌，说起我在日志里面记录的心情。

那时候，你是真的用心在乎我，明白我每一次的微妙变化。

可惜，多美好的故事都有结束的时候。原本说好的一起变成老夫老妻，再一起去死，或者唱出《家后》那首歌，真的很想循着那样平淡的生活走下去。

分手后，一个人到庙里面求了姻缘，手中的红绳一直陪伴自己，读研究生的三年里，始终让自己保持单身，想着什么时候你可以给我发一条短信，说这些年来让我再等好久了。

结果红绳在几天前自己断掉了，然后就在今天看见了熟悉的背影，是在暗示什么？

我不知道。

后面不知道喝了多少，忘了几点回的家，头疼欲裂醒来时，看到手机上面有一条未读短信。笑了笑，没有读便直接删除，是谁发的无所谓，只想把这当作对你一次完美的再见。我该知道的，下一次出门，不要再去搜寻跟过往有关的细节，还有新的生活等着我。

谢谢你。

晚安。

21　再说几遍我爱你

"我爱你。"

常常在睡前看着你的电话号码，反反复复打着不同的话语，删除，再打，删除，再打，不管怎么样斟酌词句都感觉不妥。室友的呼吸均匀，黑暗里面想到你当天遇见你的次数，大堂，会议室，还有勉强一次看见你进电梯时的背影，有几句简单的寒暄，好像没有进一步下去的必要。不同的感觉，虽然说你身上有着前任诸多影子，但嘴角勾起的笑容却是其他人没有办法替代的。

很微妙的感觉，如此的心情，又不是高中什么都不懂的愣头青。希望你没有察觉到我可以隐瞒的某些事实。实习也快结束，离别就要开始。向来对离别没啥感觉，毕业时常常就表现一副无所事事的感觉，他们都互相相拥哭泣，我只在心里感觉说有必要这样子假惺惺吗？几年后还能轻易想起对方的名字吗？不断改变的世事，成长的速度不一样，所以在睡着之前最后输入的那一句话，清早起来看到最多是付诸一笑后轻轻点了删除。我爱你，那么就当作一个永久的秘密封存也不错。

　　"我爱你。"

　　喜欢上一个人要考虑的因素有多少，那勇敢说出口的概率又有多大？两个人凑在一起互相取暖的机会是不是比彩票中奖的概率还要小？明明在遇见你之前，一切宠辱不惊，处理不同的事情井井有条，还能分出多余的时间过好自己的生活，当我在听陈珊妮的时候，你还在跟朋友调侃着刘德华与张学友之间的歌词哪个更铭心刻骨。不就是不同世界的两个人么？你吸引我的地方在哪里，好像真的说不出口。

　　讨厌的食物是苦瓜和海带，讨厌的水果是榴梿，有一个人在暗恋你的时候，常常会发现他不断检视自己哪里出了错。才会莫名其妙发现你脸上表情的细微变化，一点点地在往前走，几次更在喉头的话，你在会议上面沉稳的发言，在加班时候专心致志的样子，下班后跟同事亲切的对谈。我想都是情歌在变化中，把你给描述得越来越好。

有没有那么缠绵悱恻的对白，到底是哪里出了差错，又让自己动了心？

"我爱你。"

积极的心理都在暗示自己，过去终究过去，未来还没有来，那么现在才是需要全心全意对待的。你呢，在不同的时间点出现在脑海里面，无法抹去的一个存在。也许是智商不够，没有办法揣测出你的心情，唱不好的歌曲，掌握不到自己哪里可以配合着你，让你眼里觉得我还是一个不错的朋友。

现在的心情多么复杂，偶尔寄托一点希望给未来，不可以吗？

直到发现你，爱上你，时间不超过一年，到底是缘分一直在积累，到遇见你，才刻意经营出那么多的巧合来假装平静，三言两语中可以捕捉到的信息有多少？你不会知道那是多么庞大的信息量。每次阴天，快下雨的时候，都期盼着是不是你没有带伞。简单地想着不同的场景，搭话是很简单的，很简单的，毕竟在所有朋友的印象里面，我是那么开朗的一个人。

那也就是一张面具罢了。你懂吗？

"我爱你。"

勇敢积极追求自己的爱人，不就好了吗？但在一个人构筑的两人世界里面，有多少细节来不及补充完全，怎么可能在你面前若无其事，当作什么也不介意，勇敢地说出三个字？生病都不说出口，坚持上班，等待你几句的寒暄关怀。

结束了，就要结束了，谁舍得把时间浪费在只有一个人的公寓里？那个充满想念你的味道的房间，是不敢一个人在里面待太久的。

再说吧，怎么都要说再见，也只能再空无一人的时候，再说几遍我爱你，然后随着离开结束掉这一场无人知晓的暗恋。

"我爱你。"

还是没有勇气给你发出这样一条简单的短信，只能说出那句熟悉的两个字。

晚安。

22　还是喜欢你

我现在一个人坐在KFC内，突然有点想给你写一些秘密。窗外是延绵的雨天，薄薄的雨丝织在一起，微冷，一点不像是四月末该有的气温。

刚吃了新上市的蛋挞，没宣传海报上看起来那么好吃。右手边的情侣靠在一起，说着悄悄话。刚从超市定做生日蛋糕放在写字的右手边，生日蜡烛整整齐齐摆在包装盒上，喝了一口九珍果汁。又不经意地看了看那对情侣。是在羡慕吗？曾经我们也像他们一样旁若无人，甜蜜地腻在一起，多幸福。我却不能为你庆祝这个22岁生日。很遗憾，你呢？

提前两天便把写好的生日礼物送给你。微信上你用了可爱的表情说了谢谢。我还想问问你的近况，你却说了在忙便下线了。我以为能问一问你有没有机会再在一起，甚至还来不及问你对生日礼物你喜不喜欢你的头像已经灰暗。

　　看来，我们之间是某些感情已经悄悄变化了。连好朋友的借口都会失效。

　　有一家三口拎着大包小包坐到了前面的位置，应该是从超市采购回来。孩子脸上是掩盖不住的喜悦，买了很多喜欢的零食吧？我也在等蛋糕出炉时买了很多你爱吃的零食。不知不觉中你的习惯潜移默化影响了我。背的包里面一定会装有薄荷口味的糖果。以前吃完饭你总会笑笑看着我，拉开我的书包取一颗糖果，安静地等糖果在嘴里融化完才可以离开。你双手撑着椅子，双脚有规律摆动，小女生的样子，真的很可爱。那孩子大概是对我旁边的大蛋糕很好奇，眨巴着眼睛问我："姐姐，你一个人在过生日吗？我帮你吃掉一些蛋糕，好不好？"我摸了摸孩子的头告诉他："不是姐姐过生日，待会等过生日的哥哥来你再问她，可以？"孩子重重点了头又跑开跟在妈妈身后去点餐，留下看包的爸爸对我抱歉地笑了笑转回去。我骗了孩子，因为你根本不会来。

　　翻出手机，短信最新显示仍是你昨晚12：00给我回的那条。"谢谢你，真的，希望你每天都能快快乐乐，幸福"你依旧喜欢用一个俏皮的符号，似乎你永远都停留在小男生的时光里。没有烦恼。不用问，昨晚接到你的短信后我确实失眠了。宿舍的床因我的翻来覆去发出细细的吱呀声。等到3：00，迫不得已开了只剩一点电的MP3，单曲循环着那首《当爱已成往事》。也许吧。我一直都不懂只要有爱就会有这思念的痛。

　　我本以为今天我会一整天窝在宿舍内，不洗漱，不梳头，懒懒地不想动。事实正好相反，6：00起床，准时到教室上在自习，一反常态地听课并做了笔记。若不是手机备忘，我似乎真的可以完全遗忘今天是你的生日。你呢？现在是在某家KTV内的某一包厢里，跟一群朋友用蛋糕相互打闹，然后用各类的音调唱一首又一首熟悉的歌。我想想，唱《女人花》你会完全变沧桑成熟独具韵味的女性；唱《放爱一条生路》你会释然淡淡唱委婉的哀伤；唱《姐姐妹妹站起来》你又会疯成一团。那唱《好久不见》呢？你会不会想在街角的咖啡店能重新遇见我？我记得我在电话里给你唱时，没唱到一半你挂了电话。之后你的一条短信追过来。"我讨厌你，以后不准给我唱陈奕迅的歌！"其实还有更多的叹号跟在后面，而不是这云淡风轻的省略号。但重要吗？不重要了。

　　有保洁员过来问我吃完的餐盘是不是可以撤了。我抬头摆摆手微笑说不用。我不敢面对只剩本、笔、还有生日蛋糕的干净桌面。于是我站起又点了一杯圣代，巧克力味的。小口小口地吃起来，手机突然在口袋里振动。以为是你，放下圣代赶紧拿出来看，失望地发现只是天气预报。是吧，你怎么可能会突然改变主意让我陪你过生日？这座不大的城，竟无法载满我的思念。我不该还不明白，我们已分手了。

窗外看见有卖草莓的小贩经过，一颗颗硕大的红果实堆在一起。是你最喜欢的水果。如果你坐在我对面，你一定会闹着我去买给你吃。你说过草莓比我更难拒绝。现在呢？我已经快变成陌生的朋友了吧？

孩子大概是快吃完了，想到我刚刚说过的话。小跑过来对我说："姐姐，姐姐，蛋糕我不能帮着吃了。不过你要记得帮我跟哥哥说生日快乐啊！"

没等我停下笔回答他，他已经冲到门口，牵了爸爸的手另一只手朝我挥挥说再见。我笑着甩甩笔，将剩下的九珍果汁喝完。手机电池撑不住自动关机。收了本和笔，将蛋糕放在面前打开，插上蜡烛，点亮，你不在。我自做主张替你许了愿，吹熄蜡烛。一个人切了蛋糕，刚咬下第一口，还是忍不住用手机给你发了短信："就算分手还是喜欢你。"

23 你走以后

"我要走了。"

正对着空白的文档发呆时你的短信恰巧发来，黑暗中手机屏幕发出微弱的光，嘴角自然勾了一下。把手机拿起来，划开解锁，想了很久，还是没有勇气给你回拨一个电话，最终点了删除短信，手机放回，继续对着空白的文档发呆。

房间角落的一端，似乎还留有你在时的痕迹。

闭上眼睛还是能看见你在这个房间里面曾经有过的一举一动，随手打开的冰啤酒就放在客厅的茶几上，吃到一半的薯片，还有外卖的比萨，电视播放着一部九十年代的香港电影，似乎是张国荣，又或者是张曼玉？记忆有点出了差错，没关系，反正还有更长的时间来将这些混乱的记忆一一整理好，然后逐一归类分档，再到某一天提起，脑中的第一念头想起的是好像我曾经认识过那么一个人。

很羡慕你，没有原因。

每一次睡不着，或多或少不由自主地会想到你。耳边是忘了关的MP3传来的不清晰音符。白昼渐渐延长，醒来时天往往已经大亮，不敢拨电话给你，尽管明白你那边的时间比我延迟12个小时。有几次已经把号码输入完毕，手放在拨通键了，一个很小的声响又惊得我赶忙关机，扯过棉被蒙住头，假装睡着。分开后的81天，第一次怀念你的拥抱。

睡不着的时候偶尔会起身，到便利店买点东西。深夜里的便利店总能让我找回一丝丝熟悉的温暖。驻足在门口，想着下一秒你会从里面走出来，递给我一杯暖手的咖啡。似极了遇见你的冬夜。而现在，我只是绕到冰柜前，取了两听啤酒，结账，出了店后边走边喝。街角的流浪猫瘦了一些，我想喂它点东西，可是我手里只有啤酒，缓缓蹲下来。没办法了，若是做到不想你，太难太难。

蜷着双腿窝在电脑椅里，电脑不断播放热闹的综艺节目，窗外噼里啪啦下起雨来。架在腿上的西瓜流下冰凉翠绿的水珠。你那边呢？也在下雨吗？如果你在的话，是会拉着我冲进雨幕里，看过往车辆，被晕开的模糊灯光，挤在一把伞下缓慢经过的情侣，小贩推着车狂奔。几乎没有人在意雨中漫步的我们。不同的时间，你的QQ头像突然亮起，我一个惊慌把西瓜弄掉在地，勺子叮叮当当弹开好远，鲜红的汁液渗进米白的瓷砖。我怎么了？不知道，不知道，我想忘了你的，真的不骗你，只不过呢，我无法欺骗自己，我太傻，对不对？

你和谁在地球的另一端在互相依偎。你曾经答应过我，带着我的白日梦一起飞行。未分开之前，你会在上班休息时给我发来短信，只是为了叫我一声"乖乖"。每次我都会在课堂上看着你的短信傻傻笑出声来，吓到周围的同学。你从来就没有很宠我，但总是让我感觉到你无处不在的温暖。盼望你在放学时站在教学楼下等我，手里拿着我爱吃的零食。你说过不怕我胖，这样我连出轨的机会都没有了。坐在你的车里，我并不知道也许有一天我会决意想要忘记你。

没有你，我常常感到不知所措。今天早上刷牙时对这镜子怔怔发呆了好久，直到水溢满洗脸台，打湿你送我的毛拖鞋我才反应过来。你的剃须刀还留在那，已经许久没人用过，关上水龙头坐上马桶那一刻，我多么想给你打一个电话，说我想你回来了。我保证我会乖的那个是会长大不会任性不会要求你给我乱买东西。我只要你回来，我只要挽着你的手赖在你的怀里，哪怕只是抱一抱你，都好。可惜，我不能，我迅速收拾情绪打理好自己，出门，赶公交车去上班。我还得养活自己，我不像从前那样，还有一个你来依赖了。

　　我到现在还不明白我们的爱情会草草结束。记得那天我在机场送你，替你围好围巾，等你在我额头轻轻一吻当作分别，却听见你淡淡说："分手吧，不要等我。"当时我一定笑得很勉强对你点了点头吧？从机场回家的45分钟，我没有哭，明明平时跟你吵嘴时我都会很不争气地流眼泪。很奇怪，对不对？那45分钟，我一直在想，我是不是还不够好？这样想一想，我心里才能平衡一点，不爱我了，你能有更幸福的生活。嗯？

　　也是在你QQ头像亮起的那天晚上，我收拾好地板很快就睡了，夜里迷迷糊糊还是起床接了电话，"喂"你的声音从大洋彼岸传来，显得不真切。你提了这些天你的生活，唯独不提我们分手的事情。最后我微微叹了一口气，挂了电话，天亮了。却一点也不困。

　　我还是像往常一样，给那个已经注销的号码发了一条短信。

24 手

入睡前刚把手机放下，屏幕刚好亮起，显示是已经好久没有联系过的你发来一条彩信，犹豫再三还是点开。

一张只拍了你左手的照片。手指修长，骨节突出，修剪得圆圆的指甲，还有小指上那颗明显的黑痣，一点都没变。还是想让人牵一辈子的手，多好，可惜，我不再拥有这只手。

黑暗中看着你的手发呆了很久，想着能给你回一条什么样的短信才好。"嘿？""好久不见？""我想你了？"等等，似乎都不适合自己现在的身份给你回复才是。

假如你在我身边的话，可能就会用手指轻轻点点我的额头跟我说，想那么多干什么？我不是还在你身边吗？

对呀，每次心情低落，给你拨一通电话，你总能及时出现。半山腰的那张长椅上，披着你的大衣，你紧紧握住我的手，微微传过来的温度，转过头看看你的侧脸，你抽抽鼻子，问我一句怎么了？我摇摇头，靠到你的肩膀上，你牵着我的手力度又紧了紧，用这样无声的安慰告诉我说，你在，什么都不用怕，你在，真好。

可你只会在我们两人独处时才会表现出那样的温柔。人前我们甚至像是两个刚认识的陌生人，朋友们聚会时总会猜我们眼神里面像是有很多故事的人，你只一笑而过，留给他们诸多想象空间。每次我一解释，显得我有多幼稚和无奈。

电话里面对你提过，我们之间的关系能否有所转变。你顿了顿，终究给了同样一句话，我想得有点多。

你记得我们第一次牵手的场景吗？那天刚好飘起小雪，你来接我下晚自习，两个人肩并肩走在校道上，或许是不愿意回家太久，忘了是谁提议到操场散散步。两人保持在刚刚好的暧昧距离走着，一步，两步，雪慢慢落在两人头上，我抬手想拍掉，你拉住我，说一声别。两个人就这样白头，不是挺好的吗？说完你淡淡地笑开，嘴角的弧度好帅你知道吗？然后两人就这样牵着手走了一圈又一圈。

我以为那一晚第一次牵手，就是我们确定了关系的契机，并不需要刻意追求那一句我爱你。可也是你的大手拍拍我的头告诉我，不要想太多，我们两人还差了一点点。

一点点？这一点点到底是什么？我哭了第一时间只能想到你，想你用手擦掉我的泪跟我说别哭了；我生气了第一时间只能想到你，想你用手拍拍我的肩膀跟我说别气了；我委屈了第一时间只能想到你，想你用手捏捏我的脸跟我说别难过了。对呀，就是你的那双手，让我拥有了如此多的回忆，我们之间还差了什么样的一点点？

甚至到后来，我都放弃寻找这么一个答案，只要你仍会陪我坐在半山腰的那张长椅上牵过我的手就好。

可我们还是背过身去渐行渐远，我毕业了返回海南，你继续深造去了新加坡，你的手牵了另一双手，再也不是那曾经包裹我的双手。

黑暗中我用手点了点你给我发的那只手，黑屏，说了声。

晚安。

25 我到上海去看你

　　"又一年的平安夜，一如既往地加班，刚刚才结束加班走出公司，一阵冷风让我裹紧了身上的衣服，走进附近的便利店准备买一份关东煮暖暖饿了一整天的胃，戴着傻气圣诞帽的店员用饱满的热情说了一声圣诞快乐，突然觉得他脸上的笑很像你。于是没忍住开你的微博，从我们第一次分开到现在，整整三年，对不起，我想你了，圣诞快乐，还有，吻吻我好吗？"

　　正准备打开酒店房间门的我收到你的这条短信，一直忘了删除的号码，储存的名字依旧是"上海坏蛋"这四个字。回过头看看刚才在行政酒廊约到的小帅哥，没顾酒店过道的监控，凑上去给他一个深深的吻，感受他沉重的鼻息，之后凑在他耳边轻轻地说："我们再去喝一轮好不好？"如果说只靠现在的酒精浓度，恐怕我会像你一样忍不住，卸掉这3年来的放荡伪装给你挂一个电话，再次哭得像个傻瓜一样。

"一打B52。"

酒一上来就全部点火，一口气吸完，这不要命的喝法倒是让旁边的小帅哥有点吓到，他眼神里面那种震惊或许就像是那一年遇到你的我吧？

那是大四刚结束实习的我，拿到实习工资有了一点小钱，盘算着来一趟自己的旅行，虽然说难免俗气地选了上海。预订了最便宜的机票，找了一间郊区民宿，剩余的钱决定用来泡吧，满足自己小资轻浮的欲望。好不容易鼓起勇气走到那家高级酒吧，却被告知这属于会员制，没有预约是不能进入消费的。正当我站在门口尴尬窘迫不知道该怎么办的时候，是你拉着我的手跟我说怎么那么晚才到，等你很久了。语气平淡得我们好像已经认识了很多年一样。

也是吧台前，一落座你便一口气喝了一打B52，我困惑地看着你，内心想着其实蛮帅的，当是一场艳遇好了，大上海不就适合这样罗曼蒂克的开场吗？结果你酒量没我好，喝完你丢给我一张房卡，我蒙了，只能扶着摇摇晃晃的你回你房间，才刚进门，你就猴急地把我扑倒在过道，嘴唇凑了上来，刚吻到我嘴唇，下一步你就冲进厕所抱着马桶呕吐起来，一切罗曼蒂克都消失了。

我照顾了你一整晚，说真的，你酒品不咋地，又是哭又是喊，好不容易睡着还能说梦话大吼大叫。折腾到第二天你睁开眼看到在沙发上面的我，困惑地问我："昨晚，我们睡了？"我笑笑，想得美！

对了，其实有一件事我没有告诉你，那晚是我的初吻，就像你也一直没告诉我那晚你心情极差需要用酒精麻痹的原因一样。

后来换到你尴尬，两个人互留电话，说是准备补偿我这个穷学生，抽个时间请我吃饭。忘了是谁先开始短信，聊到很多读过的书，看的电影，听的歌之类的，知道那时候你26岁，上海人，外企工作，一套房在供，算是我理解范畴里面的有钱人阶级，还有很多琐碎的细节什么的，两个人聊天内容完全没有设限。一顿饭变成两顿，三顿，结果到我离开上海，每一顿饭都是跟你一起吃的来着，最简单的一次还是因为你要加班，我搭了地铁到你公司楼下，两个人站在全家便利店门口咬着三明治有说有笑。

离开那一天的机场，你面对着我说："哪怕异地，我们在一起试试吧？"我没回答你，只让你闭上眼睛，踮起脚尖，轻轻吻了你，之后迅速转身跑开。

多好啊，是吧？我都记得呢，这种说出去谁都不会信的相遇，除了我自己记得，还有什么办法呢？

"服务生，再来一打B52。"

这次上来只喝了一半就有点受不了，整个人瘫在小帅哥身上，手没忍住捏了捏他在健身房锻炼的胸肌，很厚实。捏着捏着不禁悲从中来，小声哭了起来，泪水慢慢打湿小帅哥的白衬衫。

对啊，明明是两个很默契的人，为了你攒下来一张又一张飞往上海的机票，MU9532，海口美兰飞上海浦东，周五晚上下了班赶去机场，一般晚点半小时，总是能卡在12：00，走到出口处给你一个大大的拥抱，然后在你身边叽叽喳喳说着话走到停车场。你会安静地听，然后对我点头微笑，说欢迎回来。

还记得同一年也是周五的平安夜，上海突然降温，刚下飞机你就把准备好的棉衣给我披上。"傻妹子，冻坏了吧？""不是有你呢吗？"走去停车场的路上两人有一搭没一搭聊着，天上刚好飘起了零星的小雪。好多年都没见到雪的我，鼓起勇气走上前去牵住你的手，放进你的大衣口袋里，跟你说："不如，散散步吧？"你点点头，两个人就这么没有言语绕着停车场开始散步。

也就是那一晚，我们两人，一不小心就白了头。

"爱你不是两三天，每天却想你很多遍，还不习惯孤独街道，拥挤人潮，没你拥抱，爱你不是两三天，一眨眼心就能沉淀，你是否想念我，哦，还是像我只和寂寞做朋友。"

完全酒醉的我拉着小帅哥开始不断重复唱这一首歌，我不知道为什么总是那么没有安全感，总是怀疑你加班，总是嫌你回复我信息太迟，总是太自卑，总是觉得你学历高我学历低，总是，总是，总是……

不过一年多的时间，我也不知从何而来那么多的坏脾气，就那么一点一点消耗掉我们两个人的默契和感情。到最后那一次飞上海，你在机场门口递给我机票，跟我说了一句回去吧，然后像我一样转身就走。

我在浦东机场发了一整晚的呆，想着说不定哪时候你就会回头告诉我说你后悔了，可是一直到今天，你发给我那条短信之前，你都属于完全消失状态。

那我算什么呢？3年，我不再相信任何一个男人，来来去去那么些都属于过眼云烟，甚至睡了一觉后第二天我都想不起来他的样子。你又在哪里？你有没有想过我？

3年了，都变了，我依旧配不上那么好的一个你。

至于你的短信，我也不知道该怎么回复，或许等到第二天酒醒又会是另外的心情了吧？

26　今天情人节

"我知道今天会是情人节，不是第一次听见你说永远。"

一个人刚走出电影院，在停车场里面情不自禁想模仿刚才电影里的情节，脚步刚要跳起，手机响起了久违的短信音乐声。这一段简单的旋律，只能是你。

"你应该也赶场看了同一部电影吧？还记得我们第一次见面，同样熟悉的场景，就欠缺两个人的拥吻了，对不对？这些年来，你幸福吗？"

愣了好一会儿，想想两个人在一起的日子，没忍住折回超市里面自己给自己选了一盒巧克力。

俗气的粉蓝色打底，一男一女面对面，几个粉色的音符飘在空中，男孩举起话筒，对话框里面写着："我有个恋爱，只想和你谈。"女孩一脸陶醉。

　　拿着巧克力等结账的时候后面的情侣正打打闹闹，回过头看看他们，女生也用一脸难以置信的表情瞟了我手上的巧克力。很怪，怎么会有人在晚上9：30了还一个人到超市买巧克力？一定是被谁抛弃的可怜虫。

　　对吗？你说对吗？亲爱的前任，这个问题应该由你来回答不是更好一些吗？

　　曾经我们也像我身后的那一对情侣一样，打打闹闹不顾周围人的阳光。走到何处好像都有聚光灯打在我们两人身上。

　　那个书吧的下午3：00，阳光正好，空气中的浮尘跃动，书架前你翻书的样子真的好帅。唰啦啦，指腹一页一页扫过我们的剧情，还是得暂时中断这段回忆。走上前去看看你，双手环绕你的脖颈，轻轻地接吻才是正经事啊。

　　电影结尾时，你脑海中的画面是不是也这样？

　　但真实的场景只不过是我上前拍拍你的肩膀，你合上书，我看看封面，木心的《我纷纷的情欲》。

　　"诗？"

　　"对啊，很奇怪吧。"

　　"还好。"我把手中的山本文绪朝你晃晃，"总好过我这些。"

你努努嘴，我歪头笑笑，于是两个人又这样盯着看了好久。

"不然，我请你喝杯咖啡吧。"故事的第一章，你提出简单的邀约。

打住，好像即使是我们正常的相遇也显得那么不切实际。可是我们相遇的那一天依旧历历在目，忘不了，这一年多来一直萦绕在脑海里。何止是今晚的电影会让我想起我们的过往，每一部电影，相似的情节上演时，我都会忍不住看看身边空出的座位，你从伸过来的手掌，因为紧张出了一点汗，有一点湿湿的感觉，又很温暖。冲你皱眉，用口型告诉你当时的电影超无聊，黑暗中你挑挑眉毛，露出同感的表情。啊，你很坏，总能轻易用一个表情表达我心里面的感觉。

真烦，怎么哪一段都是地雷，这样我根本就不能好好写出跟你的故事。

你的短信推开了一扇迷宫的门，真想就赖在这些回忆里面，赖着你不松手，就这样赖着你一辈子，哪怕被所有人嘲笑永远长不大都好。

　　不过怎么虚构回忆都好，你终究为了你的前途离开这个炎热的海岛，两个人都懂，也只有在某一天看到熟悉的电影情节想起我们曾经如此默契，如此心照不宣，如此相爱过。能偶尔收到你这样问候的短信，都好。

　　回到家匆匆忙忙写下这一段往事，随机播放到朴树的声音，歌词是这样的："问君此去何时还，来时莫徘徊。"

　　我知道你会看，情人节快乐。

27　想着你的感觉

从未对别人提及过你的名字，只把这当成内心最柔软的秘密珍藏一辈子。

不断的成长过程中，好像渐渐习惯了没有你偶尔的嘘寒问暖。年初鼓起勇气给你发了我喜欢你四个字，依旧没有回复，不知道你是否已读，嘴角勾起无聊的弧度。

已经与我没有任何关系了吧？

说起来每一次想要多了解你的某些故事，你总能轻易回避，我也不愿过多追究。总以为再多过一阵子，我就能储存够喜欢的额度，跟你表白。

可惜就连最后的告别都没有，你就那样消失在人海当中。

连一次开玩笑牵着你的手都没有，真的好遗憾。

　　你离开后，尝试着不依赖喜欢你的那种感觉创作了两个故事，都是卡在3万字便完全不懂如何继续，主角都是无法说出那句表白。

　　为什么你连一句我不喜欢你了都不肯给我？

　　前阵子，单曲循环容祖儿《想着你的感觉》，哭到不能自拔。她唱"一个一个想你的日子，砌成一栋孤单的房子，我在上楼下楼开门关门，翻着抽屉循着你名字。"我多想再给你拨一次电话，像是高中下了晚修后抱着宿舍电话给你聊未来想要做什么，每一次聊到电话卡余额不足才舍得挂断。那时我们没有见过面，却真的好像可以从诗词歌赋聊到人生哲学，你的每一句话似乎都还带有回音在脑中挥之不去。

　　脑中关于你的拼图一片都舍不得丢掉。昨晚看奇葩说，姜思达说着他用交友软件聊到那样一个存在时候，眼眶一瞬间忍不住红了。那不就是对你7年的暗恋里，我与你的关系吗？从写信开始，到后来的短信交流，电话里面听着你低沉的声音，却一直没有找到机会与你见面。哪怕你的样子早就印刻在我的生命当中，可就是没有见过。你一直以长辈的身份告诫我少走人生的弯路，我兴奋跟你说最近看到的好故

112

事，又提笔写了新的故事。或者没敢告诉的更多情感。

那期节目点了暂停，很久很久，都不敢继续。

如果知道后来会发生的故事，那一晚我说什么都不会去赴你的约，哪怕在你摩托车的后座，你宽厚的肩膀，环绕你腰间的手，我都不要。我宁愿保持偶尔几封信息，一通电话，跟你闲聊最近的生活，你对我说教，说我不会长大，还是那种幼稚的想法。

多好，起码我还能与你保持联系，而不是快5年了，你连一封短信都没有回过我，电话永远拨到那个温柔女声响起"对不起，您所拨打的电话暂时无人接听，请您稍候再拨。"

稍候是多久？一分钟，一个小时，还是一年？我都稍候了5年了，还是没有接通过。

你去了哪里？遇见了谁？是不是真的不愿意再跟我说一句话？你起码告诉我啊，不要这样悄无声息地就永远退出了我的人生舞台。

你不明白一开始的那一年我有多不适应。我不断和新人相亲，想依靠不断变更的人来替代你在我心中的位置。可是你知道吗？我根本找不到，没有人会像你一样，让我从高中时期喜欢到现在，那分坚持我也不明白是怎么延续了7年，加上这5年，从未间断。

12年了，16岁，到现在的28岁，我怎么可能还有下一个12年，等你到40岁吗？我也好累了。

"想着你的感觉，犹如雨的缠绵，淋湿我的岁月，而我却依然不知不觉。"5年的后期，是真的会习惯吧，也减少了相亲的频率，好像找到了大学时期一个人的生活步调，不就是强迫自己放弃你会回复我的念头吗？

哪怕是最近发的一条"其实我很喜欢你。"显示已读，写到这里，还真感觉我像是一个笑话了。

逃不掉你给我的束缚，就这样保持下去吧。或许那一天我的某句话再次触动了你，那通电话或许就可以接起了吧？

晚安，12年的你。

28 铭桑

2016年最后一天，从一堆祝福信件中发现了铭桑的明信片。

邮局里面每年都会有的新年贺卡明信片，后面只写上简单的新年快乐4个字，落款是熟悉的铭桑。

没错，还是那个铭桑。

笑了笑，随手拿出电话点了那11个熟悉的数字，发了一条短信："是你吗？"

手机刚放下不久，电话便响起，接听，还是铭桑低沉熟悉的声音，他说："我回来了。"

彼时认识铭桑我不过高一，刚刚对自己的兴趣有一个简单的认同。在各大论坛里面探索着这个对我来说完全未知的陌生世界，看见谁的帖子都会点进去留言，用尽所有疑问的语气，保持着一种特别好奇的眼光对待接触到的每一个人。

而铭桑作为同城的大学生，自然变成了在现实中必须要见到的人。

怎么描述铭桑才是最为准确的？

第一眼见到铭桑，专卖店里面卖的基本款T恤，牛仔裤洗得泛白，就是那种你扫过一眼也不会太在意的路人甲角色。

但这些并没有影响我那一天缠着铭桑问一些个人隐私性的问题，其中有的问题在我日后回想起铭桑这个人都会让我觉得当时的铭桑居然能好脾气为我解答的特别隐私性问题。铭桑确实有一种很平静的魔力，他在听你说话时候会跟着你的情绪慢慢走，恰当时候给予一定的反应告诉你，他有在听你讲述。

可惜高一的我，只想要波澜壮阔的生活，对于铭桑的淡然实在欣赏不能，到后来晚餐结束我实在受不了铭桑的简短回答，胡乱找了个借口说要回家。铭桑淡淡笑着没有揭穿我，送我到公车站，车快来时折进一旁的麦当劳买了两支甜筒，一支递给我。

"谢谢你，小妹妹，干甜筒。"说着，铭桑手里的甜筒轻轻碰了我手里的甜筒。

"好吗？"说到了过往的时候，铭桑的声音有点中断，但还是用了一个疑问把回忆通通又倒给我。

"当然，铭桑你还有……"我顺口就说了一大堆关于铭桑的事情，一边还在整理朋友邮寄来的新年祝贺，双手没有空闲回了几个朋友信息，耳边铭桑的声音断断续续。

他应该有意识到我的心不在焉吧？铭桑。

高一的孩子拥有最多的就是活力。

自从跟铭桑见面以后，我都没有考虑过要见他第二次，因为他给我的印象实在是无聊两个字便能囊括。算起来更喜欢的还是论坛里面的花花世界，每个周末都约上同城的大学生，辗转在网吧、咖啡厅、游戏厅等一切娱乐消费场所，跟着那些大哥哥，听他们诉说这个多彩的地下世界。

我非常开心，也毫不吝啬自己的活力，在他们面前我才能坦然做自己，而不是学校里面需要遮遮掩掩的乖学生。

直到某个周六我答应了一个大学生晚上到酒吧里面相见。

但在门口时候却看见铭桑。从他的眼神中看到了十分明显地震惊，他一把抓住我质问我为什么会在这里，让我赶紧回学校，并恶狠狠地警告约我出来的男人，不准动我的歪脑筋，说罢直接把我拉走，拦了一辆出租车，目的地我的学校。

想起来当时我怎么会很安静任由铭桑把我拉上车？

也许是我在铭桑身上看见了某种奇怪的依赖，在他身上与第一次见面时候截然不同的，想要保护我的那种不经意流露出来的情感。

终于跟网上的朋友做了简短的告别，顺手点开了元旦假期之后要弄的讲座PPT，看了几眼，没什么问题。

"噢，你还记得……"铭桑的声音顿了顿，"那个人？"

那个人，原来铭桑你的铺陈很长，我关了电脑所有页面，放下手里的信件，我几乎都快忘了那个人的照片在我钱包里面呆了4年之久。

出租车上铭桑跟我说了与网友见面的危险，一个人不要随便答应别人的见面要求，像我这样的年轻的女孩子正是他们争抢的对象，有大把的好时光不能浪费。

"那，你能告诉我什么叫不浪费时光？"我赌气地问。

"珍惜现有的时光。好好学习。"铭桑很认真回答我。

就算是一个转换的契机吧？时光如此漫长，我的疯狂生活才萌芽不久便被铭桑轻易掐断，连相见都没来得及去享受，我到底该不该怪铭桑？暂时不提。

多亏铭桑，我恢复了之前的乖学生生活，一方面确实因为高一下学期面临文理分科的选择，成绩太过于平均的我，想在一次月考里面做决定。只能找铭桑帮我补课，落下这几个星期来荒废的功课，铭桑作为大学生，很容易帮我补回来。

而同时，我的同桌换成了让我暗恋3年整的那个人。

"你很坏。"让我想起这一些。

我对铭桑说过最多的三个字，无非就是你很坏。

即便是过了这几年，他还是能让我回忆起一些讨厌的过往，就像一幕幕悲伤电影在我脑海里面回放。

那些时候听过的情歌，萦绕耳边，从未消散。

该从何说起？有关于暗恋的同桌。

在大学里面想过好几次，大抵能归类为高中生活的枯燥，同桌是一个特别能来事的人，学习成绩不错，但惹出的祸事同样不少。每次犯错都会在被老师说了几句后回来朝我吐吐舌头，抱怨自己不过就是顽皮了一点，不是学习成绩好就能当作一切的挡箭牌吗？

就这样一来二去，会对那种顽皮产生了微妙的好感。

发觉之后已经完全不能挽回。是的，我喜欢上了同桌，在某个晚上熄灯后，闭上眼睛后浮现出来的全都是同桌一天来对自己说过的话，我能确定，我真的喜欢他。

于是开始了我三年暗恋的艰苦生活。

"街角的电影散场了，只留下我没能见到他……"我在电话里面给铭桑唱起了这一首《轻微》，高中时期在我MP3里面单曲循环无数遍的歌。

铭桑安静听着我唱完歌。

"小妹妹，你还没忘记？"只给我回了一句。

忘记？该如何忘记？

体育课上明明是不同的选修科目，还是会在操场上面偷偷看篮球场那边的情况，一眼就能辨认出他的剪影。月考时候分散教室坐，他单号，我双号，我会在答题的时候想到这一道题是哪个晚修时候他曾经抓破头想不出来直接把习题册丢给我让我做。分配到一同值日的时候，只有我和他两个人的教室，他拿着扫把漫不经心绕着教室走了一圈后把扫把扛在肩膀上对我说"走吧，已经扫完了"脸上的那种狡黠。

连同一切的细节，都印刻在暗恋的时光里面，写在日记本里，在不需要补课的时候，都变成一种心情，一五一十告诉铭桑。

铭桑是我暗恋的见证人，他才最了解我在暗恋时候的纠结、悲伤、自卑以及那一点点的开心。

喜欢上了，却不能说出口的感觉，相信谁都在青春时期经历过，会在一个莫名其妙的时刻觉得我还是不要喜欢你了，自己才能得到解脱。可惜我没有，当我认为分班会让两人分开，感情自然会淡。

可在高二开学第一天，我站在公告栏那里寻找自己的名字时，他已经拍拍我的肩膀，用很兴奋的声音对我说。

"嘿！我们还是一个班，继续同桌吧！"

我能坚持的，就只剩继续喜欢你了，对吗？

"或许吧。"铭桑真的非常喜欢用模棱两可的回答。

能够很好闪躲开一些敏感问题，好比刚才我脱口而出的是，如果当时我没有暗恋同桌，铭桑是不是会考虑跟我在一起。

跟铭桑在一起不是没有可能的。

在无数次被同桌的暧昧不清气得直接逃课跑到铭桑学校找他哭诉时候，在他们图书馆里面奋力在纸条上面写下"不如我们在一起吧！"想要得到一点平衡，为什么我表达自己那么明白了，只不过差了一句表白，你真的认为那句表白十分重要还是其他？能不能告诉我一个清晰明了的答案。

铭桑看见我赌气的一连串感叹号只会笑笑，合上他的课本，拉着我走出图书馆，走到校门口的麦当劳里面买两支甜筒，一支递给我，用他的甜筒碰碰我的甜筒。

"不气，能那么在意一个人，是你的幸福。"铭桑给那个敏感的我，最多安慰的话。

除去我对同桌唯一一次死去活来的暗恋。

后来我的感情路虽然不顺，可在喜欢某个人的时候，我一定都大胆第一时间告诉对方，把讨人厌的选择题统统丢给对方，我只需要对方给我一个明确的回应。不是，那就是朋友模式的相处，是，那真的可以认真试着让对方了解彼此。

至于暧昧的回答，一律黑名单伺候。

"哈哈，居然成长成敢爱敢恨的类型了。"听完我的讲述后，铭桑在电话那头突然笑了起来。

对啊，没有铭桑的提醒，我自己也不敢相信，当初的我竟然会亦步亦趋，在感情里面担惊受怕过。

喜欢？不喜欢？喜欢？不喜欢？

靠撕叶子来询问同桌今天也许真的只是一句无心的话，

当下我还能联想出整个完美故事情节发展，甚至高潮迭起的剧本，自己作为主角在里面悲欢离合，受尽折磨。

仅仅因为一句话，我拉着铭桑从城东找到城西，才总算找到同桌在课间告诉我的一款手办，还很厚脸皮找铭桑借钱买下来送给同桌当生日礼物。只不过时隔两个月后，早就有新番动画填补掉同桌的喜好，他拆开礼物看见那款手办，还嘲笑我说怎么那么念旧，都已经完结的动画了，说着给我科普他最近在追的动漫。

是，我怎么会不知道当下的动漫？打开电脑，网页收藏夹里面都是最新动漫更新的标签，因为你喜欢；随身带的笔记本，密密麻麻记满了NBA球星的个人资料，好让我能随时跟进话题，因为你喜欢；会强迫自己吃一些本来特别讨厌的食物，因为你喜欢。

对，我试着去喜好一切我讨厌的东西，暂时忽略我的兴趣。

想让我跟你一直都有话题可以聊，可以稍微延长一下你很快就会结束的话题。所以在你表现对某个人物的热爱时候，我才会不管不顾去找，为的就是你开心。

我只是对你说出我喜欢你四个字，害怕破坏我和你之间的关系。

"说起来，你的高二是最苦的一年。"

没错，在暗恋的情感干扰下，不能落下课业，找铭桑倾诉，补完同桌喜欢的动漫，还要比他超前一点点，帮他找某些难找的资源。

就像一个走钢索的人，成天战战兢兢保持着平衡。

唯独找铭桑说话的时候，才能稍稍有所放松。

高二每天都在玩，同桌的成绩一落千丈。所以升高三的那一次考试，还是在我偷偷给同桌递答案的前提下，他才能在分班时候勉强留在我们班。

不过我们的同桌生活就此结束。

一整个高三同桌狠心戒掉所有爱好，包括他最爱的动漫和篮球，一心投入到学习之后，只偶尔会跟我开个玩笑。但每次看着他在后排和那些插班生讲一些笑话时候，我都会默默想，原来听他笑话的人只有我一个，真的只有我一个。

看来，是我太自作多情。

"还能有什么好说的？"

想让铭桑说说这些年他消失的时候究竟都在干些什么，他打了一个马虎眼，看来是不想回答的样子。

不过还好，本来我们相处的模式就是我不断地说，铭桑只要听就好了。

直到高考结束，同桌的成绩始终不曾好过。

我答完最后一科的题目，放下笔，高中的所有生活，是该有个完好的句点。

毕业散伙酒，我鼓足勇气，灌了同桌一堆酒，我和他都醉得一塌糊涂。我想假借酒精的掩饰，会让我们两人有所缓和。

可是当同桌听见我说了我喜欢你这四个字，他立刻把我推开，眼神里面充满了不屑的样子。他没有给我回答，只呆呆看了我几秒钟，我唯一能庆幸的是当下所有同学都喝开了，没有谁会注意我们两人的怪状。

他转过脸，找其他同学继续喝酒，然后再也没有跟我说过一句话。

"直到现在？"铭桑用的疑问句。

"直到现在。"我点点头，才意识到铭桑完全看不见。

后来的故事不过是我在某个深夜，把还在实习的铭桑挖出来，在他们学校的长阶梯上一把鼻涕一把泪把高中3年的所有委屈，换来的不过是一个不屑的眼神，就为了一个不屑的眼神，我犯贱犯了整整3年。

看着他为买了NBA闪卡忍住不吃早餐，每天早上会多为他准备的豆浆，有3个月；买手办的钱，每天我都只能吃泡面，苦了两个月……

我说得语无伦次。还有记得铭桑的肩膀很宽很大，能给我源源不断的安全感，要是一开始，就发现铭桑的好，同桌一定一点机会都没有。那个幼稚、自大、还死皮赖脸的怪异性格，讨厌至极。

但，心里面住进来了的人，真的狭小到只有一个人的空间。

只能对不起铭桑。

我赌气报了黑龙江的学校，成功录取，于是从海南千里迢迢奔赴哈尔滨。我给了自己4年时间蜕变，每个假期都沿着回家的路线选择不同的城市旅游，见不同的人，恢复了高一时候铭桑打断我的疯狂生活。但这时候我已然明白了喜欢一个人的可悲，对于他们的逢场作戏，我在此之中游刃有余，兜兜转转直到毕业，我都没有尝试好好谈过一场恋爱，单身的时间竟然让我沉淀不少的经验。

而铭桑在实习之后，自己也消失了，那个手机号码拨过去始终是温柔的录音女声，拨过几次以后，我知道再也找不到一个男人像铭桑一样，能陪我度过那些无聊的空虚时光，我不得不自己成长。

但毕业3年后，铭桑不知不觉给我寄了一张明信片，我又拨通了那个号码，听见铭桑低沉的嗓音，熟悉的感觉未变。

"不好意思，我好像也没有多少需要你安慰的地方。不用碰甜筒了。"我坦诚，走到阳台，一片漆黑。

"我知道。"铭桑沉默了许久，"我只是想告诉你，我要结婚了。"

话音未落，一声巨响，绚丽的烟花绽放在天空中，瞬间的光芒照亮了我的脸，还有这座城市某个角落里面的铭桑。

"噢，是吗，恭喜你。晚安。"不等铭桑再说下去，我挂了电话。

本以为会让我说出口，那么多年，可惜也不过是生疏了的，不该报任何希望的才对，还是继续单身吧，新的一年。

我喜欢你什么的，一辈子说一次就足够我受得了。

29 我明白他

"帮我写个故事吧。"

他给我发过来这句话时天才刚刚暗下，看看时间，下班高峰期。应该是好不容易在公车上抢到座位坐下闲着无聊给我短信。放下手机没打算回他。继续将视线调回屏幕，电影播放到一个长镜头，男主角的声音低低地让人听了很舒服。

才想起这好像是他少有的几次主动给我短信。

关于他，恐怕一个故事都不够描述我对他那么多细微的感觉。从大学走进宿舍的第一天他回过头来简单地自我介绍，然后拍拍我的肩膀。如此莫名的好印象在往后四年的相处里逐渐累加，沉淀成我心里最大的秘密。

始终不敢与他太过亲近，因为高中时有同样的原因以至于曾经的好朋友不堪于流言而渐渐疏远。我不愿意遭受同样的罪，所以在他表现出热情时只能拒绝掉他大多数聚餐的邀约，公共选修课刻意选择偏冷的学科，减少与他相处的时间，很愚蠢的办法。

但这明显地冷淡并没有影响到他的热情，始终记得我是他的舍友，陪女朋友逛街也会顺便给我捎点我喜欢吃的零食。他简单的交友原则曾经让我无从适应，总会让我衍生出许多不必要的想法又赶快打消。我知道，我们之间没有进一步的可能性。

翻了一个身，睁开眼睛，床沿隐隐透着路灯的光亮，不知从哪传来的几声狗吠。确定失眠了以后我坐起打开台灯，抱着21岁生日时自己买来送给自己的娃娃。

因为这个娃娃他一直嘲笑我多大一个人还长不大睡觉要娃娃陪，不愧是一个典型做自恋的人。没有太多解释，睡不着时会对娃娃说很多话。天马行空，稀奇古怪，没有形式的心情记录，堆积在娃娃里。

凌晨2：00，还是给他回了短信。

"想看什么样的故事。"

性格里喜静，大多数时候都不会待在闹哄哄的宿舍。带上几本书，搭公车到某个陌生的地方找一间僻静的咖啡厅，消磨掉一个下午的时光才懒懒地决定回学校。偶尔写一些文字，无关于他。

他陪过我几次，每次都是因为一些琐事不得不提前回学校，事后他跟我说抱歉，连同疑问我到底是不是个大学生，枯燥无味的生活都能忍受那么久。我笑笑，没给他答案。尔后一切照旧。

这是大学里的生活缩影。离群，不善言语，我却心安理得。

"随便写点，我只是想知道在你眼中的我到底是什么样子的。"

他是什么样子的？我没有想过。舍友、班长、不讨厌，还是特殊？似乎无法找到一个准确的定义来界定他在我心里的位置。

毕业4年了，只是在同学聚会时点个头碰杯酒，其余时间哪怕是已经在同一座城市扎根，我们都没有见面，哪怕是在某个社交场合的偶遇，礼貌性的问候都没有，哪怕是在某个商场里的遇见，他抱着他的女儿，逗她喊我阿姨的情景，没有过。

说白了，同学这层关系实在很微妙。

他在烂醉时想到的第一个人，我有自信肯定那是我，因为只有我才能安抚失去理智的他。记不清多少次夜里我从宿舍走出，一个人到学校附近的小餐馆将泥一般的他搬回宿舍，接下来几乎整夜不能睡，他时不时会提出很多不合理的要求，我只能尽量满足，至于其他两位舍友早就因为酒精的作用回到宿舍便倒头大睡。

只剩一个清醒的我和迷糊的他。他难得安静的时候我会走下床打开应急灯写几句话，不一会儿他又喊着口渴要喝水。

夜深沉，天未亮。

挂掉编辑的电话，我松了一口气。新长篇的合同基本已经确定，恐怕得赶紧计划下一次的旅行了。

大二下学期开始迷恋上一个人四处旅行，每到不同的城市，呼吸着陌生的空气，换一换心情。在不同的城市里漫无目的地行走，我喜欢那种不确定的感觉，下一个巷口的拐角说不定会有意想不到的惊喜在等着。

着手准备行李，床头柜前放着潦草写给他的一段话。我差点就忘了还得给他写一个故事。

读者那段话，字里行间拼凑出来的画面对我来说是如此遥远。无法重新将自己沉浸在过往，仅仅停留在理解的阶段，不愿回去。他昨晚发来的短信还未打开。

"你知道吗。刚才推掉饭局的第一个念头竟然是怕喝醉，没有你来接我。"

犹豫着该不该回，手中还拿着那一本笔记，有一句话异常刺眼。"说好的，我们不会无话可说。"

他每年的生日都会拉上我，不管我是否答应。包厢里他跟他的好友群魔乱舞，只有我一个人默默在一旁喝着无酒精饮料，着实是一个破坏气氛的角色。不明白他这么做究竟是为何。问过他，他只是随口说没有我帮他说生日快乐似乎就有哪里感觉不对劲。

嗯，他总能轻易将我们的关系用一种简单的话语来维系着。

生日的第二天清晨，将他从KTV送回宿舍，他趴在我的肩上胡言乱语。他不理解我为什么总是回避他，为什么口中的谢谢那么多，为什么宁愿一个人吃饭也不陪他，还有很多很多的话。从上出租车开始到宿舍，他每一句话都一下一下敲碎我的坚强。

我吻了他，在他21岁的第一天，他不知道。

他极少主动给我短信，这几天却一反常态频繁询问我故事的进程。我对待他如同大学一般冷淡，基本不回。

毕业那么久，他已有他的妻与子，我过惯了一个人清心寡欲的生活。按理我们并不需要过多的交际，比如他突然要求我给他创造一个故事。

没错，我更倾向与创造一个虚拟的形象反馈给他，而不再思考如何将内心的细枝末节——具现化跃然于纸。我放弃对他的怀念，却无法拒绝他的要求。矛盾至极的个性，某个QQ好友给我的好友印象。不言语，轻轻点了删除，至少这么多年来我知道该如何掩饰矛盾。

大四大家都开始忙着张罗自己的前途，或考研或工作，平日闹哄哄的宿舍空荡了许多。我因为早早跟出版社签了合同，没有太多的事情缠身。不再去找郊区的咖啡厅，留在宿舍内看看书写写东西，累了爬到床上小憩一下。

至于他，凭借家里的关系轻松在本市找到一分待遇不薄的工作，已经开始上班。西装领带，一改往日阳光的模样，竟也多了几分沉稳成熟。有时趁着跑业务的空闲间隙回宿舍看一看。大多数时候宿舍只有我一个人，他叽里呱啦跟我抱怨上司还有没毕业便分手了的女朋友。

我不答话，手中的书翻过几页，没有看进去过任何一个字。看着他滔滔不绝的样子，四年来他没有变过，帅气、健谈、人缘好、偶尔耍一点小聪明和大男孩式的淘气。就快毕业了，各奔东西后我还能以什么样的身份借口去倾听有关于他的什么？

找不到灵感，我会简单收拾一下自己出门，慢慢散步到小区附近的大型超市里。

走过琳琅满目的货品架，看着不同的标签，哪一些商品在做促销，哪一些比其他超市的贵，哪一些看起来会让人有想买的欲望。慢慢地走，细细地看，暂时忘记手中的稿件进度，想着这些商品会被什么样的人买走，它们是经历怎么样的旅程才被摆放在这里。

嗯，路过果冻货架时他的短信又来了。

"我刚才看见你了，怎么还是一个人。现在我忙完手头的事，我去找你，在哪里。"

还是逃不开吗？家里的故事卡在重逢的那一段。有太多画面从回忆里涌出，溢满笔触，却不知该如何下笔。刚想转换心情，他却突然出现了。

毕业了。

　　我是宿舍最后打包离开的，其他两位同学一个星期前已经回去属于他们的北方城市。我在火车站抱着他们哭到不能自已。他们讶异4年来情感淡漠的我会为这一次离别落泪。谁知后来毕业他们是少有的还继续联系的大学同学。

　　由于只是简单打包行李运到在市中心租的房子，开始便打算一个人默默离开。提着箱子走到宿舍楼下，看见他气喘吁吁跑来。因为酷暑，他的衬衫早已被汗水浸透。他一边拉开领带一边说他特地请假回来帮我搬家。

　　"唉，这4年的回忆你就一个箱子？这样看来我在你的回忆里分量有点轻哈。"

　　他接过我的箱子径自往前走。我没敢说，还是没敢说出来。如果以4年为一个计量单位的回忆，他的分量绝对是百分之百。

　　他瘦了。

　　第一眼见到他，直觉告诉我他瘦了。

　　几年的社会打磨让往昔的他收敛掉许多锋芒。但有一点没变，他的滔滔不绝让我明白他还是他。他说起4年间他与我之间的往事，我静静听着，不回应。我压抑着自己的感情，不愿跟着感觉走。哪怕他是我印象中的老模样。

他提到他都忘了这两年是为了什么而奔波，所以想借我的口吻来重新给他构建一个希望去努力。他知道我懂他，我们眼神交流瞬间已说过太多的话。

我不挑明，只想他过着正常不受人歧视的生活。

我明白他，我不追求不努力，或许这就是我们之间最幸福的结局。

30 短信记得我曾爱过你

前些天因为搬家整理到大学时期专门用来记录和你恋爱时所发的每一条短信，翻开看见的第一句话便是我给你发的："嗯，你答应我的未来什么时候才能实现？"

那一年坐在你的单车后座，头抵着你宽大的肩膀，偷偷咬你一下。就能听见你略带宠溺的声音，说我不乖，待会儿不给我买棒棒糖。背景是树影剪切后投下的点点阳光，我看看你的侧脸，把手放在嘴边大喊："我是世界上最幸福的人。"你会给我很安全的怀抱。哪怕在雷雨天，我也能依偎在你怀里，听你扑通有力的心跳，听你给我唱一首又一首情歌，听你给我讲故事直到我睡着。

那，你有没有在我睡着时候偷偷吻我？你一定有。因为我没有睡着，眯着眼睛看着你脸红的模样，我差一点就笑出来被你发现。不过话说回来，每次你说睡着就真的是睡着。难怪每次我偷吻你额头，又假装躺回原位，你都像死猪一样没用动静。哼，算了，原谅你，谁叫你今天背我上楼，很累吧？可是你的肩膀真的好舒服，我都不想下来的。嗯，我是有胖那么一点点，可是还不是因为你每天给我烧的菜太好吃了。你要负责，养我一辈子哈。

"说定了。拉钩，上吊，一百年不许变。"看到这一句忍不住笑了笑。

你的浪漫从来都是有一点笨笨的。例如我哭的时候你只会拉着我的头借你的肩膀给我，都不懂说一些甜言蜜语来安慰我；例如每次回家路过那家婚纱店我都会故意放慢脚步，你只会牵我的手走进隔壁的便利店给我买我喜欢吃的水果；例如我睡不着翻来覆去时候你只会抱抱我让我嗅着你带着孩子气的男人香给我唱催眠曲；例如，嗯，还有好多例如，一时间想不起来了。但是你的这些浪漫，都是我专属的，我很幸运，嗯，谢谢你，那么宠我。

你记不记得答应与你在一起那时候的夏天海边？我们并肩坐在沙滩上看夕阳。我记得的。那天你笨拙地向我表白。你挠后脑勺的模样傻傻的，不知道是夕阳的原因还是你自己的原因，你的脸红红的。你肯定都忘记这些细节了？我点头答应你还问我是不是可以抱我。傻瓜，早在你表白前我就很想你抱我了。我都不介意你刚刚打完篮球满身的汗臭味，虽然那天你和我是从海滨旅馆洗完澡才出门散步的。抱你的时候，你的头发传来淡淡的香气，那一定就是幸福的味道，对不对？

　　"你说，以后我们的孩子要像你多一点，还是像我多一点？"发了这一条短信的时候你明明就在我身边，你看着我憋着笑的样子我到现在还能想起来。

　　我还记得那一年跟你说了好多好多，例如周末傍晚，你带我去逛夜市好不好？我们一起去看那些情侣衫，吃街边的小吃。我要牵着你的手，或者赖在你的肩膀。你都会包容我的任性撒娇。你刚刚好高我12厘米，听说这样是男女最适合的身高差。喜欢摸摸你短短有些硬的头发，看书时候戴的眼镜很书卷气，散步你逗邻居家的狗狗看起来就像一个没长大的孩子但每次都能从楼下扛一桶水上五楼，台风天晚上没有电你总能找到很多奇妙的故事来讲给我听。你知道吗，你是我的超人。没有什么好怀疑的。

　　希望结婚那天，我们能得到所有朋友的祝福。

做噩梦的时候，被吓醒。无论提出什么无理的要求你都会答应我。半夜陪我逛空无一人的大街。24小时营业的便利店，店员打哈欠的样子被我们用手机偷拍了下来，街尾的那只黑猫叫春的声音很吓人，最后我们爬上了小学的后山。我躺在你怀里沉沉睡着。一直到日出时候你叫醒我，然后低头蹭蹭我的鼻尖，问我还害不害怕。

有时候我都会怀疑你对我的好是不是太不真实了一点。

"好好好，我知道，因为我是你最喜欢的人，对不对？但你有没有想过，你也是我最最喜欢的人哈。"那个夏天的夜晚很燥热，我们两人发了无数条短信，最后你忍不住睡意给我发了这条。

那你是否记得呢？那一年我窝在KTV沙发里，听你唱歌，是一种享受。虽然你没有歌手出彩的歌艺，可能有时候调还会跑开去玩耍。但我知道，那些歌都是你唱给我一个人听的。记得吗？没答应你在一起前，你约我出来的理由最多的就是要不要去听你唱歌。高考完的那一天晚上，你拉着我在学校操场坐了一个晚上。你捧着吉他，小声给我唱歌。那时候我就知道，就是你了，我喜欢的就是你了。

有一段时间，你用单车载着我环绕我们的城市。找一些只属于我们两个人的小秘密。不知道那家冷饮店的老板娘还会记得我们结婚时候要给她送喜糖吗？不知道郊区那所小学的孩子毕业了没有，他们看到我们偷偷刻在课桌上的爱心时是什么感想？再去果园大叔还会呵斥我们偷苹果吗？嘿嘿，你是大坏蛋，我是小坏蛋。不许赖皮。

你告诉我，当身边陪着自己的人是喜欢的人时，这个人就会变得很漂亮。唉，怎么办？我一不小心变成了世界上最漂亮的人了。放心，当然，你也是世界上最帅的人。这样我们就扯平了。

问："全世界只剩我一个人了，你还会喜欢我吗？"

答："现在我的世界里面就只有你一个人了，宝贝。"这应该是陪着你复习考研的那一段时间发的吧？我还看见旁边有一点口水的痕迹。嗯，你都不知道我每天陪你熬夜，麦当劳的冷气其实很强，我冷了都没跟你说过。还不是怕你分心，不过现在好多了，你如愿考上了学校，而我误打误撞不也跟你考进了吗？记得同时收到通知书时候你哭笑不得的表情，为什么我不复习都能考上？嘿嘿，你哪里知道，我天天听你念叨那些重要的知识点就算是复习了。你说出来的话，比任何真理都能更轻易进入我的心里驻扎。

"起床啦，小坏蛋。"嘿嘿，明明我就睡在你的身边，你还发来这样的短信。

那一年终于两个人搬出校外住了，每天醒来第一件事就是睁开眼睛偷看你的睡相。粗粗的眉毛，轻轻抖动的睫毛，用手点一点你的鼻尖，你的嘴角会慢慢勾起。空气里面是暖暖的阳光，你伸出双手揽我入怀，说我是坏心的人，不让你睡觉。哼，谁不知道你早就醒了？你不过是在等我起来叫你。不跟你计较。早餐还是荷包蛋、烤吐司，和一杯我亲手为你泡的爱心咖啡是不是？对了，我还会嘟着嘴提醒你说周末也不许赖床的。你就这一点我叫不听，其余的都很好。

这一点你不得不承认，我比你好。

"谢谢你陪我，谢谢你包容我，谢谢你喜欢我。谢谢，陪你一辈子，对，一辈子。"

那一年你把我拥入怀里告诉我说："我不怕别人眼里看来我们的故事就像一个传说。那是他们没有体会过这样真切简单的幸福。是不是？"

同年元旦倒数，我拉着我的手穿梭在人群中。世界唯一的温暖仿佛就从你牵着我大大的手掌不断传递过来，让我心安。我在想，没有了你我该怎么办？你说你在教堂钟声响起前许了三个愿望，我亦是。第一个愿望，希望我能陪你慢慢老去；第二个愿望，你许的愿望和我一样；第三个愿望，嗯，不告诉你，这个愿望到我要死去的时候才告诉你。嘿嘿，很坏吧？但是我就是要靠这样绑住你，虽然我清楚知道，你不会离开的。唯独对你有这样的自信。

你答应过要带我去你的老家秋游。那里有你走过的路，玩过的游戏，熟悉的人，我迫不及待想参与到你的过去，去感受你成长的地方。会是什么样的人文让你逐渐成长成现在这样带着一点孩子气的大男人的？我想谢谢他们，是他们给我带来这样一个你。

我呢？

我的过去，很平淡很平淡。

有机会我也会带你去陪伴我长大的那翠绿的山城。看阳光被路旁的大树剪成一寸一寸，我偷偷藏起来一些，告诉你，我拥有了你，便什么都不怕。这世界上，只有你跟我有关，我爱你。

不知不觉翻完了那本笔记本，又重新看见了那一段属于我们两个人的温暖小日子。那一帧一帧零碎的画面，我真的那么笃信过会拼出我们未来最完美的结局呀。

　　但真的好可惜，我们并没有继续走下去，你还是为了某个人变心，我慢慢被时光教导如何去把你淡忘，把你变成了某个泛黄的旧照片，再也不会提起。如果不是这次偶尔找到了那本笔记本，我都忘了我曾经在那每一条的短信里面都如此真实地爱过你。

31　给Sam先生的情书

——给现在的爱

1.爱的信件

Sam先生很特殊。

我也不知道为什么开头要写这样一句话，只是想到Sam先生，我的第一念头就是这个，毕竟我认识Sam短短几天时间，在见到他以后，这样的感觉就更加强烈了。

嗯，好像是以前高中生恋爱的那种感觉才对。

说起来，在见Sam先生第一眼我就向他表示了我的好感。也告诉他我爱过某个人7年的故事，他听后淡淡地说我们这样的人相似的故事都一样。

或许看到了他云淡风轻的微笑，对他的好感又叠加。

为什么呢？明明认识才三天，见第一面，就有之前看到过照片的感觉，心里面就有某个声音告诉我，Sam先生或许跟之前的人不一样，至于哪里不一样，真的没有办法用语言做确切的描述，但我相信如果真的经历过这样的纠结，会很轻易与我调到同一个频率吧？

哈哈，真像是过于私人化的日记，明明是想要写一篇给Sam先生的特殊文字才对。背景音乐放着《宅男电台》，各种轻快的音符跳跃，于是暂时没有什么结构好考虑，跟着音乐的情绪说出对Sam的感觉好了。

是不是有点不好意思？

Sam先生今天跟我说的最后一句话也是不好意思，然后我无论怎么留言他都没有再回我。于是脑海中构筑出不少合理的推断想象，内心那惴惴不安的骚动，估计今晚又是一个不眠之夜吧？啊，真是很讨厌的感觉。

想给Sam先生打个电话，犹豫好几次，还是算了。他一定会挂断，再听见那个女声告诉我对不起您所拨打的电话正忙。只会加重不安的情绪。

那就继续让脑海中的小剧场换几个剧本轮番播放吧？

Sam先生喜欢阅读，这也是我对他产生莫名好感的原因之一，两个人都是会想要在某个假日找一个安静的咖啡馆，看看书，闲散度过一个无意义的午后时光。想得到他手指翻动书页的画面，一定很帅，你们欣赏不来的那种帅。

很少给别人这样高的评价，写出来后脸部有点微微潮红，燥热得很。随机播放又是《爱》的乐曲，总是契合的音乐播放，是不是呢？那想跟Sam先生继续发展下去的愿望是不是也能够实现？

别想了吧，怎么说Sam先生只是短暂的停留，而且又怎么会看上我这样无趣的小女孩，一个常常活在自己世界里面的任性女孩。短暂的一天相处里面，Sam先生也是处处在谦让我，我的天马行空，我的肆意妄为，我的随心所欲，Sam先生都是一个无奈的眼神，然后照单全收，随我高兴吵闹。

真的是很久都没有遇见一个什么人，找回那想恋爱的感觉，才会偷偷用手机拍下了Sam先生的背影，宽阔的肩膀，无论看几次，都让人觉得特别有安全感。

可惜，不属于我。

对呀，一切美好的愿景，都会因为一个可惜变成灰暗色调。欢快的男声乐曲反而加重了这种无奈的感觉。

无所谓啦，或许Sam先生明天就会原谅我了呢？

Sam先生，我喜欢你。

2.爱的信件

说是给Sam先生的情书，其实到头来依旧是自己兜兜转转的自言自语吧。

跟Sam先生分别快一个多星期，今天是认识他的第二个星期三，还是偶尔会想到拥抱时他脖颈所嗅到好闻的味道。是跟之前其他人都不同的味道，没办法很好形容，才是会喜欢上他的一点小细节吧。

如果Sam先生看到上面那一段，估计又会扁一扁嘴做出很无奈的嫌弃表情。不知道为什么，每次看到他做出这样的表情都会觉得好满足。好像那就是专属于我这样小女孩的无奈，拿我没办法，却又割舍不掉的嫌弃。

听起来真是不要脸的少女才会有的暗恋心情。但这毕竟是想到Sam先生才会开始写的日志，当然必须写出那种想亲近却又无从下手的纠结才可以。想Sam先生会觉得这个人还有一点点意思的感觉。

本以为都差点忘记了这种心动的幸福。本来就很平静维持某些虚无的关系，你来我往的攻防战，早就可以不在乎，甚至不需要做太多准备就可以摆出职业笑容，适当的分享心情，那就足够了。至于对Sam先生不厌其烦的骚扰，想要多了解他，哪怕是今天无趣的行程安排，看起来都会觉得无比神圣。

究竟能坚持多久？Sam先生也说过我这样的热情不会撑太久，离开后对我不咸不淡的态度，距离上一次跟我说话有两天的空白期。那我想想过去这种心情又多少坚持呢？7年算一次，跟某个素未谋面的人发了4年的晚安短信，假如小韧不是出国换了号码断了联络或许现在依旧可以说"心情不好""送你温暖"的对话吧？

对呀，把一些莫名其妙的好感维持个几年算是我没有用的特质之一吧？Sam先生，请对我有一点信息，好不好？

前几天翻了一下星座书，顺带瞥了一眼关于Sam先生的星座，没事干总会自我矛盾的做法，给我一些奇怪的安慰。嘴角些微上扬。可惜翻出来的歌是那么唱的"想继续装傻却又无力受折磨，心里羡慕有些人，盲目到不计后果"。

那是不是可以顺理成章想到Sam先生这几天也是失眠的状态？我就知道Sam先生不会这样麻木的，只是不善于表达罢了。

今晚暂时唠叨这么些。

3.爱的信件

SAM先生很忙，常常给他说了几天的晚安和早安，他才有可能稍微回复我一句简短的问候，大多数时候是发一张他当下在做事情的照片，让我猜他在干什么。

总是没办法很切合猜准SAM先生的心情，不过还好，至少说明他还是会看到我的问候。也会偶尔看他在我朋友圈点了赞，或是留了三言两语，那一天就会莫名其妙地特别开心。就连看之前觉得枯燥的书，也变得稍微有趣一点。

那天给SAM先生发了《一百个我想你》的封面，本以为他会有同感。还是自己的伎俩显得过于稚嫩，SAM先生压根不屑与我过招。哈哈，这之前我都是哪里来的底气去对朋友的恋爱指手画脚，貌似自己深谙恋爱的所有道理。

但在SAM先生面前，自己真的还是甘于变笨一点。

说起来，SAM先生可以顺畅阅读一篇英文原著，我不过是说几句口语就能沾沾自喜；SAM先生接触得到陶冶性情的好多舞台剧，我顶多遇见之前没有看见的电影资源也会兴奋半天；SAM先生处理工作井井有条，我还为领导出差就能偷懒感到庆幸。这样一个平凡普通的我，好像也没啥跟SAM先生匹配的条件。

罗列出来的条件，好像自己是挺没用的，嘿嘿。哪一天SAM先生要是厌倦我也会第一时间检讨自己的不是。如果说SAM先生快乐的话，那就好啦，至于与他相处过的短暂日子，说不定也能写出下一个7年的满满故事。

其实，SAM先生对我的冷处理某些程度上让我对自己过往的故作坚强重新细细描绘了一番。假如他想听我的胡言乱语，拥有足够的时间，这一次应该，只是说应该可以给SAM先生叨叨完有关于我简单的故事了吧。

几天前刚看完汤唯的《命中注定》，虽说没带太多期望，可故事剧情的薄弱依旧让我频频出戏，找到各种想吐槽的片段。回到家也标注了看的电影，将近一点，SAM先生突然给我说话问了电影的细节。努努嘴，回忆一下说了即使汤唯的演技也撑不起那跳脱过速以及不接地气的剧情，一句话SAM先生就明白我要表达的意思。

顺带跟他聊起了汤唯之前的《晚秋》和《北京遇上西雅图》，两个人看法类似，有点可惜是没有聊到《黄金时代》。我当晚算是脑堵，好不容易SAM先生想要多聊几句，我不解风情地说好困，能不能早点睡觉，说了晚安便真的倒头就睡。

到底是不是在乎SAM先生？问我我都答不上来了。笑笑，就用最近刚下单的书名来表达一下。

SAM先生，我敢在你怀里孤独。

4.爱的信件

近来过得特别平静，好像心里面刻意让Sam先生驻扎下来之后，对于其他人的了解，总是兴趣缺乏的模样。

刚发现新加的好友取消了关注，没有多少犹豫，对他点开了不让他看到朋友圈。

本来就只是想通过简单的侧面了解，拼凑一个人的形象，如果说没有继续的空间，那我同样没必要对你做适度的开放。

不过想起来也是自己太毛躁，哪有通过几次聊天就猜测还原出别人的职业，总会给别人一种咄咄逼人的感觉，是我的错吧。

还好，现在不用太在乎这些事情。

怎么说都还有Sam先生呢，不是吗？虽然他在遥远的上海，没关系，上一次自顾自的恋爱，我4年都没有见过一面照旧坚持下来了，是对自己有信心的。

加油。

不知怎么的，很晚回来还去点开以往存下夜老虎的文字来看。

他在2008年的日记里面写了：简单得纯粹的爱情。一辈子只有1次。

仿佛眼里又构筑出他一个人在夜的成都四处晃荡的身影，一杯咖啡，一个三明治，如空气一般沁凉的晚餐。哈哈，夜老虎真是某种程度上我的文字导师。

貌似没有跟Sam先生分享过夜老虎这个特殊的存在。

还有树洞君，还有好多以往写过的故事里面那些虚构的真实的情节，Sam先生会想听吗？我不知道啦。

今晚重新恢复快步走的习惯，有点没把握住度，脚底板起了两个水泡，有点疼。一边走一边想着要不要继续写关于单数的故事。当然，要是更加文艺青年一点，可以套用那本书的名字，叫作《质数的孤独》，但没必要，这些自说自语终究也是我一个人在消化。

到底要跟Sam先生说些什么才好？这几天的聊天记录里

面两个人嘻嘻哈哈说到新锐作家的作品，那么挑书的Sam先生居然翻到了作者的外版书，哈哈，不行，我还得笑一会儿才能继续写下去。可惜看了几天Sam先生就不再继续说了，倒是像赌气一样给我发了一张哈利·波特英文原版的内页，让我猜读的是哪一部。

讨厌啊，对哈利波特就一点没有读过，只好缴械投降。Sam在手机那头一定又是坏笑的样子，打了话题到此结束。

不闹了，好像有个明确目标之后，对其他人的主动性，当然就会锐减啦，是不是，Sam先生？

5.爱的信件

近来总会做一个梦，开车载着Sam先生四处兜兜转转，梦中有时是黄昏，有时是深夜，Sam先生一直不说话，偶尔会牵他的手，他看看我，一般到了这里就会醒。睁开眼，看到瞒着Sam买的跟他同样的小熊，眼神无辜，拿过手机看看，昨晚给Sam先生说的晚安没有回复。

无奈勾起嘴角，爬起来开始无趣的一天。

想要换一种生活方式，首先点开了随机音乐，结果放的是果味VC《我带你去看海的路上》，歌词这样唱："明知我们会分开，却在互相温暖，假装它熄灭在最美的一瞬间。"听起来就像是我单方面构筑的美好念想，Sam先生好像也没参与其中。

算了，照旧是要独身的生活。还以为林一峰歌词实现了，谁知道是那一首《突然独身》，哈哈，说起来真的是嘲讽得很。

异地算什么呢，翻看了近期和Sam先生的聊天记录，生活轨迹真的很难重叠在一起的感觉。

有点畏难的情绪，第一封情书还信誓旦旦说可以坚持下去的，这才三个月的时间怎么就有点退缩？

尝试分析一下原因好了，明明还不到30岁，恋爱经验极少，可以去拼去冲。啊，对了，Sam先生问过我十月份是否可以休假，假如去上海还可以一起做饭分享生活，唉，这么想起来，是可以坚持下去了吧。

至少又有了新的念想。

两个人都读了不少的书，也都到了不会情绪大起大落的年龄段。试着重温Sam先生提及过的电影，还是找不到那感动点，欠缺的或许会是这里。Sam先生对我一直都保持着清醒的态度，我偶尔情绪不好只能写一篇胡言乱语的日志聊以自慰。

那时候Sam先生口中才会说出亲爱的小妹妹这样的称谓？

不管Sam先生有没有我想象的那么美好，我知道暂时是没有另外的人可以替换掉这样一个特殊的存在。

好啦，突然很多话又不知道从何写起。

6.爱的信件

好久没有给Sam先生写一写近来的小心情，本打算2016年开篇就提起笔整理一下没啥变化的关系，依旧是我叽里呱啦留了很长的留言，Sam先生偶尔工作空闲给我回几句话或是去哪出差的照片。

然后又是我发挥超好的想象力脑补各类剧情，估计他得知又得撇一撇嘴，露出特别无奈的表情。要不要这样哦？其实没啥大事，但看到这样没有营养的对话，内心也能感到一阵阵暖流。

背景音乐要不要这么切合地放到"怎么会迷上你，我在问自己"真的没太大理由，追问过多貌似就把那种纯粹的情感搅和成烦心的事情。

Sam先生从去年年底开始又四处奔波在各类地方，看着提前上映的电影。吐槽那些演出不好的地方，提出过是不是可以找个时间两个人去某地旅行，可惜工作原因终究没有成行。对了，还答应Sam先生要在上海的家做一顿饭，好像最近也没有下厨房。两个人推着购物车在超市挑选食材的画面，哪怕没有实现单是想想那个画面都会特别开心。

前阵子一个人开着车四处乱晃，又不自觉开到那片海滩，徐佳莹又唱了我不是一定要你回来，只是当又把回忆摊开。啧，歌词兆头虽不好，但遗憾Sam先生不在身边，分享感动似乎也少了一半。

总是这样，跟朋友能轻松分享美食，分享好心情，分享坏情绪。但一直都没有找到一个合适的人来分享某些感伤的时刻。疲惫时候，一个人写写故事或者走进电影院看场无聊的电影，不都能够消散了吧？所以一直以来都以好心情更新各类状态，有什么好值得悲伤呢。大把大把的青春可不是用来在叹气中挥霍的。

对了，疯狂补回没看的哈利·波特故事，全是因为去年Sam先生给我发了他重新读起原版的哈利波特。为了能更有话题一些，开始走进这个迟来的魔法世界。弄得现在睡前一个29岁的人还像大小孩一样自己在被窝里面模拟大喊："除你武器！"足够傻，我却甘之如饴，因为起码有部分的经历能够重叠，那也是非常开心的了。

太像太像高中时期盲目将某人装进心里面之后不顾不管别人的感受，义无反顾认定自己就是喜欢了那么一个人不改变。10年，本可以继续担当影子一般的人，只听听电话那头的声音，发几条短信便足以开心大半个月。从不后悔把那个人装进心里10年之久，与Sam先生见第一面时便分享过这个故事。说也特别奇怪，只是第一面，不知道为何能特别有安全感说起这个无趣的故事。

那就自顾自认为Sam先生是懂的，理所当然可以渐渐淡忘某些情感。哪怕从来没有对抗世界的决定，也永远不可能为我淋一场大雨。但依旧改变不了，Sam先生是我当下最美好的幸运。

7.爱的信件

"一张张陌生的面孔，有谁能为我停留，我想感受另一个人的温度。"由于参加某个文学比赛，最近将以往写过的文字重新梳理了一遍，某个笔记本上抄写这牛奶咖啡的歌词。不由自主想到那一年在大学课堂里面向往未来的日子究竟如何，然后用笔一个一个记录下来，虽说不完全，但每一篇都悄悄塞进去某个人的剪影。

不确定的伴侣剪影。

也没想过真的会出现某一个人能够心无芥蒂地分享细细碎碎的心情。真的再次翻看那些稚嫩的文字，如果不是按照我这样的神经病思维来解读，恐怕没有谁会看得懂吧？于是过去的那么些年来，都是习惯了一个人在文字上面写写画画，不求有谁会懂。

说了，你会明白吗？

还不敢跟Sam先生提出这样的疑问，一股脑说完，微博豆瓣电影院，看到不论什么，打开微信页面给Sam先生敲打几句话便按了发送，不求会有回应，只想当下有分享的心情，这就够了。

很多人恋爱谈得很累，也劝慰过我不要这样把一场暗恋进行得如此张扬。可Sam先生对于我来说确实越来越特殊，我害怕没有把这些暗恋时候发生的心情变化一一记录下来，到时候后悔的是我自己，又不是你们这些路人甲乙丙。

是很现实，在现实基础上面加上合理的梦幻想象，才会有继续生活下去的动力。

Sam先生到底哪里好？自问来来去去见过很多陌生的朋友，不乏聊了十分钟便内心默默翻了一个大白眼。当下觉得蔡康永出的说话之道真的太有必要。武断的臆想根本没有给对方留有探讨的余地，再加上假惺惺的情商作态给你几句宽慰。整个聊天的氛围一瞬间消失，变得兴趣缺乏了。

至少Sam先生不会这样，能有三分容忍的机会。好或不好，内心都有一把标尺，刻度显示在这里，原因为何，都可以有一丝谈论的空间，相处起来很舒服。即便是最容易让人误会的文字传达，也能感受到Sam先生略带无奈的笑意，再一次宽慰我的无理取闹。

这是大多数人做不到的理解。

回到文字最初写的那首歌，《习惯了寂寞》，歌词最开始还唱到"一天天重复的生活，一天一天忙碌着，熟悉的，陌生的，都会擦肩而过，一天天寻寻觅觅着，一天一天等待着，属于我，属于我，很简单的快乐"，执着盼到了一个寄托，想要在遇见美景的第一时间与Sam先生分享，真好。

8.爱的信件

很长的时间没有做梦了，就像给Sam先生的留言一样，回复的频率明显降低。分隔两地的两个人，即使再着急也没有用，只能自己一个人胡乱琢磨。也许是这样猜测太多了，才会让晚上神游的世界变得不那么有趣，连潜意识都不愿意透露重复的心情吧？

常常会想去年的这个时候还没遇见Sam先生，我在做什么？其实没有多大区别，偶尔会听《一个人睡》，被人载着送到楼下的生活，礼貌性拒绝某些邀约，阅读到心动的文字最多只能笑笑，还能怎么样？

真的挺无趣，却处之泰然。

实际上自己的条件也确实很难够得到Sam先生生活中的边边角角。看着他偶尔发过来的那些照片，善于构筑小说场景的我总是发挥最大的想象力，揣摩照片背后的每个故事，想了好多好多个场景切换，最后只是给Sam先生回了一些愚蠢之极的话，想想好后悔呢。

对呀，Sam说了他最近好累，我却没有放下工作，一张机票飞往他的城市，告诉他我还可以给你一个轻轻的拥抱，不说也好，第二天再返回。

虽然很羡慕那种奋不顾身，全世界只围绕两个相爱的人转呀转，多幸福，多简单。

　　但Sam先生，我们两人遇见的时候都早已经成长为现在的自己，都会为了自己肩负的责任所考虑，也是这样的理智成熟你才源源不断散发出吸引人的气质，才会时常在想起和你相处的短暂时光就不由自主笑了起来。

　　这样的我，很傻吧？

　　还有一个月就是认识Sam先生一周年的时间了，很想为了这一天做一点什么纪念意义的事情。嘟嘟嘴想想当初遇见也只是碰巧，谁知断断续续都快一年，那就不要有意去改变这样两个人舒适的相处模式吧。

　　真的会某一天就有第二次遇见了。

9.爱的信件

　　该说什么呢？

　　喜欢总是一种极其容易消耗的激情，虽说莫名的缘分让互相有了好感。

　　随机推荐到了《不眠飞行》，听歌者随性地唱着："午夜太长地图太细/突然明白到/吻不到你/但却找到你那样残酷/就算机长会祝旅客好/合上眼睛数啊数/数啊数/并无一只绵羊跳得比你高/比你好/梦到狮子将你带走怎算好/你这么好/

数到2047/还未够数"。

于是也想起了某一天真的不管不顾搭乘某班深夜航空，带着某种未知的心情，就这样突然奔赴Sam先生所在的城市，只为跟他索取一个温暖的拥抱，嗯？再多一个吻好了。好像又不够，再多一点？多一点什么呢，那也得见到面才好。

像是去年刚见过Sam先生那样，刚刚分别又想再见，第二天刚下班又驾车将近一个小时，总会这样，为了一种莫名其妙喜欢上了的情感去做一些旁人看起来匪夷所思的事情。

会累吗？

当然不累，去见一个喜欢的人，怎么会累？

很想就告诉那些觉得关系处理当中有疲倦感的人，不喜欢就趁早放手的比较好。

或许是因为这样别扭，先前才会一直以单身的形式在生活吧？

没事总会翻一下跟Sam先生简短的聊天记录，两个人从最近看的书东一句西一句地聊，或是漫无目的地不着主题聊着，但总是我调侃近来的工作和生活，Sam先生单方面听着，沉稳却有余地对我说着无关痛痒、不是情话、却无比贴心的话语。

最近两个人倒是迷上了互相发照片，甚至连语言都省略了，他一张在嘉峪关的照片，我刚锻炼完满身大汗的样子，再不然是他在机场候机买的三联杂志，我跟朋友玩桌游拍的照片。好像《蜂蜜与四叶草》里面森田刚从美国回来，跟阿久两个人互相交换彼此不在身边的日子各自都取得什么成绩一样，最后两个人相视一笑。

这样的画面，真的很美。

我最近却和Sam先生不知不觉在做这样的事情，不知道该说是不是幸福？

说实话，还有很多画面想跟Sam先生一起去完成，脑海中无数次自动播放过的《欲望都市》，给他逐字逐句地念伟人的情书，交换着心情。

两个人在厨房有一搭没一搭聊着，提到要不然结婚吧，如果你想，那就给你一个婚礼，多生活化，又多么梦幻，是多少人会向往呢？

好吧，可惜Sam先生并不在身边，还有很远和未知的挑战，加油吧。

10.爱的信件

好想Sam先生。

想他的笑，想他的皱眉，想他的声音，想他的体温，想他的拥抱，想他的冷淡，他的一切都想。

恨不得此时此刻就飞到他的城市！哪怕是在机场里面只索取一个简单的拥抱也行。能够真切地感受Sam先生真实站在我面前的感觉，真的比任何人都还要幸福吧。

过去总认为自己特别坚强，不过是一个人的生活，有什么熬不过去的？我一个人吃饭旅行，在KTV里面唱了6个小时，电影院里面一个人哭得不能自拔，究竟又为了什么去寻找另一个不同的人？

尝试过，但新鲜感一过，内心总是厌倦对方的不思进取。心里面有一个声音说：他居然连睡前十分钟都不阅读。或是分享一下当下看的有趣新闻感想都不行。多么没意思，闷着没有言语，好讨厌，真的就只适合聊过便算。

那是遇见Sam先生之前，面对不想干的事情总是一副兴趣缺乏的样子。本来恋爱就可以很简单，如同旋律一般啦啦啦几声就可以，为何要复杂？你喜欢我，我喜欢你，我们两人就那么腻在一起不就好了吗？感情本来就无关他人的感想，不是吗？理性过头谁还需要另一半呢？

怪自己修炼成精，轻松看出对方眼里的谎言，太简单。每一句没有逻辑的判断，都不够层级啊。

说了这么多，就是胡言乱语，都是讨厌的Sam先生不在身边，见不到他总是心里缺了一块儿，讨厌讨厌。

11.爱的信件

那天梦里，突然梦见了Sam先生。

不对，准确来说是梦见了Sam先生的声音。梦里需要办一件很重要的人生大事，特别要求Sam先生从上海飞回来陪我。知道他也不愿意，可是他还是买了第二天的机票飞了回来，抵达时口气里面仍有一些抱怨。

穿着礼服开着车，接到了Sam先生的电话，声音通过信号传来显得有些许不真实。差点就哭了出来，他仍在原地等我，他在梦里说，无论多久，我会等到你，然后将你送入下一段人生旅程，我的任务也就结束了。别想我。

梦境到了这便醒来，心里空落落的。是啊，已经好久没有见过Sam先生了，哪怕是梦见也只能单纯的梦见他的声音而已。

随即通过微信告诉他："我梦见你了。"

开心的是，Sam先生很快回复了我。提及一整晚没有睡好，刚醒来有些晕晕乎乎的，精神不好。

一下子不知道该说些什么才好。明明已经快一个月没有时间回复我，每晚的聊天记录几乎都是我一个人对着空洞洞的树洞说一句晚安。忍不住就写一写无奈的心情，哪怕是接待后酒醉的夜晚，都只能隐忍。

Sam先生说不要这样嘛。

那我还能怎么样？

物理上的距离那么远，有时候真的没有办法只能通过一封封无趣的情书，不然我还能怎么样？

不愿意有答案，那或许更让人伤心。

倒不如听一首老歌，"就像那夜的你，安静的，温柔的，依恋的，在我怀里，让我轻抚着你，只说给你一个人听。"

是相信有一些话只能针对某些特定的人说才有意义。而Sam先生让积攒了那么多年的情话，一瞬间被赋予就值得了爱的意义，多么撒娇，好像都有了一个出口，庆幸真的还有他能够说着绵软、漫无边际的那些话语。

不闹了，还是早一些睡觉吧。

12.爱的信件

最近迷上了听老歌，骑自行车时候习惯点开收藏的歌单，一边构想小说雏形。很多的故事细节被填充到四个男人的对话当中，那些琐碎的日常生活情感，都被剪碎了，糅杂进这么一个普通的小说里。

是不敢过多想起Sam先生，情绪被小说情节折磨到最低点时候，只敢点开过去的聊天记录，一张照片一张照片点过去，苹果手机的好处就是把相片的地址一一都记录下来，看到Sam先生的飞行旅程，真的，他就像是另外一个世界的人了。

而我，不过是自己写的普通小说里面路过的某某。

随机播放的曲目里，歌手用云淡风轻的语气唱着："曾经那么的喜欢，曾经有你的城市里，现在仍然能够听到最喜欢的那首歌。"歌曲的腔调都是表达让人欲哭无泪的情绪，也会想，一年多前没有死皮赖脸地开着车去找Sam先生，或许现在又会有不同的心境吧？

是从哪一天开始的呢？渐渐不知道要跟Sam先生说点什么才好，自己真的不明白还能够做点什么，才能让两个人的物理距离上缩小哪怕一点点？天真一点的时候也许会跟Sam先生要赖告诉他："你往前一步，哪怕我们只靠近了50cm都好，就可以感受到你50cm的温暖了。"

后面想想只能作罢，那个不断怀疑，缺乏安全感的自己控制了自己，完全不懂怎么跟Sam先生表达才好，好笨，为什么连这点情绪都没有办法调节好？只会空口说自己有多喜欢Sam先生，没用，喜欢得有行为支撑，那才是一分成年人该有的承诺担当啊。

那又怎样呢？

第12封情书，那又怎样呢？编排的小说重新再来只为将Sam先生写进去，那又怎样呢？睡醒发现自己很想哭只因为昨晚梦见Sam先生要结婚了，那又怎样呢？Sam先生深夜一点问我想他没，我十分想他，可是，那又怎样呢？

黑暗中伸出手我抓住的也不过是一片虚无，点开Sam先生的聊天界面，想一股脑倾诉积压过多的情绪，可他在忙啊，那么优秀那么忙碌的他，我怎么可以用这些无趣的情绪骚扰他呢，只能拍了几张照片，深呼吸，用开心的语气跟他撒撒娇，这样就可以了。

13.爱的信件

我喜欢Sam先生。

一年多前也是在空白文档上面写下上面那一句话，那时候还能清晰感受到关于Sam先生怀抱里面的温度，嗅得到他刚洗完澡身上散发出的沐浴露香味，想着他坐在我助手席那边的侧脸。戴着眼镜，两个人有一搭没一搭聊着车上随机播放到的音乐。

那首《将爱》，还有《康定情歌与溜溜调》，还有《柠檬草的味道》，有时候真的很想Sam先生的时候都会找出来单曲循环。

"风风火火，轰轰烈烈，我们的爱情，像一场战争，我们没有流血，却都已经牺牲。"

"张家溜溜的大哥，看上溜溜的她哟。""月亮弯弯，康定溜溜的城哟。"

"我们都没错，只是不适合，我要的，我现在才懂得。"

只要听到这样熟悉的歌词，就能想起Sam先生那时候说过的每一字每一句，甚至是简单的一个微笑，我都还历历在目。

就像年初刚刚做的音乐随机测试，预兆我还需要继续等下去，等着那一个人会再次出现在我面前，等到我一直所期盼的幸福。

可真的等到那一天，是不是又因为自己别扭自卑的性格想着要往后再退一步，去寻找另一种可能性了呢？这样的心情也只能怪自己，这么长的时间里面，依旧没有做好自我整合，内心笃信的一分感情，即将实现的时候，我的第一感觉竟然是惧怕。

Sam先生最近的聊天记录里面，总会叮咛我一句："要乖哦。"

是多乖呢？

很乖的话，不就是在门口等着问妈妈一句说："如果我现在变坏的话，警察是不是会来带走我？"那个简单的段子刚看到时候，立刻在脑中勾勒出那个落寞的背影。

Sam先生也会再次出现吗？

他很优秀，当看到他的履历时，我真的特别害怕。这样一个高学历优秀的人，我真的能等到他吗？

也跟好友提及过，那样一个美好的Sam先生，我这样一个不安于室的坏女孩，不配的吧？

哈利·波特已经重温完了，我终究也没有学会"除你武器"的魔法，家里面也不可能会有猫头鹰来送信，一辈子注定是一个普通的麻瓜，还是一个在Sam先生面前不知道怎么表达自己的笨蛋麻瓜。真讨厌啊。

刚刚更新朋友圈说年少无知的时候所不愿意做的事情，长大了总归得花十倍以上精力来偿还。假如说高中那时候发奋努力过，高考作文不要冒险写自己的微小说，大学填上的那一块空白，真的能与Sam先生再靠近一点点呢吧？

又翻了翻一年来和Sam先生的那些聊天记录，他真的是一个让人讨厌的坏先生，总是给人莫名其妙的好感，又让我不知从何处而来想要坚持下去的勇气。

新一年的情书，总归是有些期盼的，Sam先生，我等你呢，我还是要继续等你呢。

不然之前说过的那句我敢在你怀里孤独真是会啪啪啪打我脸。

今天说晚安之前，还是要再多说一句才行，Sam先生，我喜欢你，我等你，就这样。

14.爱的信件

最近总会4：00自然醒，回想起刚刚做过的梦，忘了是第几次在梦境里跟Sam先生撒娇，拉着他的手两个人不说一句话在海边走着，偶尔回过头看看他，他恰好也回过头来看看我，扁扁嘴，又笑开，另一只手拍拍我的头，然后又继续往前走。

似乎有目的地，似乎又没有，但远方总会有什么在等着我们。

一直不敢写出来这个梦境，也从未跟Sam先生提过。只会在漆黑一片当中拿出手机，看看临睡前是否收到过Sam先生说的一句晚安。大多数时候不过玩了一会儿游戏又自然睡去。

已经多久了？这半夜的小插曲也变成一种习惯。

最近几天发现，梦里面的色彩在逐渐褪去，只剩海的一片蓝，像是要确认什么一样收紧了手的力度，又醒了，汗湿的手紧紧握着床头卡比兽的脚。坐起来，环顾四周，一样的场景，床头是未读完的书，匆匆拿起笔往笔记本上胡乱写了几个句子。

"我要你的陪伴。"

"世界很美，而我正好有你。"

"你太坏了，总是把你我之间的距离留得刚刚好。"

"因为有你，好像心里面那个位置再也不会空出来。"

是Sam先生对我说的，还是我自己内心当下的感觉。第二天醒过来后又统统忘记。真怀疑深夜时候像是泷和三叶交换了身体一样，那一段的记忆完全为空白，那，Sam先生是否也在那个时候和我交换了身体？

哈哈，不禁都要嘲笑自己怎么还会有这样中二的念头出现？就像一下子推翻了自己之前看过的所有书籍，推翻曾经有过的坚持念头，不过还好，还没有完全忘记Sam先生的样子。

毕竟我们之间有的无非是物理上的距离，并不用特定地点的某个时刻才能相见短短的十分钟。打开微信对话框可以看到喝酒后脸红的Sam先生，出差时候惬意的Sam先生，敷动物面膜的Sam先生，再往前翻一翻还可以听到Sam先生的声音。多好，数据不会删除，随时随地都能保持联系了。

除了不能真实握住Sam先生的大手，不管不顾扑到Sam先生的怀抱，使坏咬一口Sam先生的耳垂。就还好嘛，是不是？

Sam先生，你说呢，是不是？

对呀，就是这种反反复复出现的无力感，才会对这种关系下了不正常的定义。才总会在梦境当中寻求补偿，找到一种平衡。自己的专业分析无非只能要求自己更加理性分析自己跟Sam先生之间到底能有多少可能性，推论公式算出来的结果并不是太理想。

可每一次再重新刷到那不经意的照片，两个人共同阅读过的书，听的同样一首歌，真的特别想他的时候就开车40分钟到最开始等他的那个门口，盯着那好久好久，说不定十分钟后Sam先生真的就会出现了。

性格里面总是存在这样的赌徒心态，愿意去相信那少数1%的可能性。但，两个人的关系最美的不就是那一句说不定吗？为什么要去理性相信那些按部就班的推论？

于是撕掉了先前的纸条，又打开了跟Sam先生的聊天对话框，给他发了一句：生日快乐，亲爱的Sam先生。

0：04。该死，就是可恶的理论学派，让我变成了第二个祝Sam先生生日快乐的人。

但无所谓，明年说不定可以面对面地亲口对他说一句生日快乐。

嗯，要继续保持下去呀。

15.爱的信件

忘了有多久没有这么晚还如此清醒。打开文档看看过去一年多写给Sam先生的文字，一字一句感觉仍历历在目。很想给他打个电话，就单纯任性地想听听他睡梦中突然被惊醒又无奈的嗓音。

随机播放，江美琪在唱着："爱情不是一场欢喜，激情却像一阵呼吸。"黑暗的房间里面下意识做出一个拥抱的动作，像是就那么抱住了Sam先生宽厚的肩膀。是那样真切触摸得到的浪漫。

这几天因工作原因，有时候会自己一个人用餐。像是大学那会儿一个人漫无目的在熟悉的城市里面行走，累了就拐进某家餐馆，坐下，吃简单的食物。笔记本上面的空白被写上一两段没有意义的心情，然后打开微信，找到Sam先生，在对话框里面敲进几句撒娇的话，有时候会发出去，但更多时候还是一个字一个字删除掉。擦擦嘴巴，买单，继续回归一个人的游荡当中。

后来转念一想，买了一张短途车票，塞上耳塞上了车，准备在短短一个半小时的逃亡途中忘掉最近脑中不好的年头。红绿灯间隙当中，播放器依旧那么懂我的心情。"从未顺利遇上好景降临，如何能重拾信心？"

可我也知道，打从一开始就没有掩饰过对Sam先生的喜欢，虽说没有那种最初浓烈的情感，只是将这些情感慢慢收紧，在内心沉淀成一个小小的核，想到Sam先生的时候，我知道他都在。给他分享的每一首新歌，每一本新书，还有朋友圈那么多无趣的吐槽，他都有看到，我与他的距离，无非就是一张机票的长度罢了。

一年多来，每一次简短的即时沟通，都很顺畅，下一次见面也不是遥遥无期，我究竟还在内心抱持着这样不确定的念头是为什么？

"如果想确定你对一个人的在乎程度，打开微信搜索'晚安'两个字，看看这相关结果有多少，你心里自然就会有答案了。"想起来某天看到的这句话，当时便在Sam先生的对话框里面搜索到167条相关记录，名副其实的第一名，最早一条显示2015年6月10日，不知不觉已经快两年了呀。真的很快呢，是吗？Sam先生。

再往下滑动，从最初认识Sam先生那一天一直到今天早上的聊天记录重新再看了一遍。说好了两个人看一场电影的约定一直到在泰晤士河边某张长椅上枕着Sam先生的大腿聊一些没有意义的话，都那么贴近生活的描述。我扮演着任性没有长大的小孩子，而Sam先生一直都是包容我的那一方。我话超多，他三四天才给我回一句话，更多时候是一张他近期的照片。

其中有什么样的魔力让我可以坚持了那么久，难道就是这简单的片段和图片？没有见面啊，没有真实的一个拥抱啊，哪怕是在梦中看见Sam先生，我这样叽歪的性格还要提醒自己梦里保持矜持，不要让自己的行为过于夸张。

拜托，那只不过是一个梦境啊？醒来又会怨恨自己错过了一次拥抱Sam先生的机会。

是有多笨呢？

但不管有多笨，可以确定的是对Sam先生莫名其妙的喜欢已经渐渐沉淀成一种触及得到的情感，是从"我喜欢你"逐渐转换成"我喜欢着你"的一种状态。

是怎么说呢？就像刚才在散步时候，路边榕树上面看到一只不知名的小鸟，第一念头就是拿出手机拍下来分享给

Sam先生。Sam先生就是那个在我遇见了生活中某个可爱的细节时，我第一个想要跟他分享的人，哪怕有时候都会觉得自己真的有一点点烦了。可是忍不住啊，如果说再见到Sam先生，可能要拉着他胡言乱语一整晚都不够吧。

但再次见到Sam先生的可能性，连正统的数学公式也没办法推理出来。两个人可能依旧是保持这样远距离的默契的交流沟通。

或许再多攒一点这样的日子，才能显得见面的机会越发珍贵吧？

32 宝宝，你听得见吗

——给未来的爱

一

宝宝，这是妈妈21岁时断断续续写给你的叨叨絮语。我怕没说写下来以后会忘记这些稀奇古怪的想法跟你分享。很多话可能到面对你就不敢说出来，很多话可能到几年后就完全不同的看法，很多话可能到老依旧不会改变。所以，这些话，应该你都听得见吧？

宝宝，其实我一直都弄不清楚，为什么周围有很多人对已经有人做过的事情异常感兴趣？例如生活一般不断重复的电视剧，不是必须的话，妈妈很少会考虑要从里面学到些什么的。

宝宝，找到自己的原则和底线。如果可以打破，那么你还不算真正长大。妈妈也想你能不受课堂这种枯燥的束缚。我不希望你回家后对我滔滔不绝说些数学公式、物理公式、化学方程式。那些都是妈妈学生时代的噩梦。如果你喜欢，我也不会阻止。可是还有很多有趣的事情在课外书里等你去发掘，不是只有课本的日子才叫作高中生活。

以上是妈妈好逸恶劳的想法，听听就算了吧。你有一天会讨厌这样的妈妈吗？可以争取到更多的钱和权，为什么不去尝试？没让你吃到最好穿得最好，偶尔可能还会受苦。嗯，你点头的话我也没办法。

你听好，那顶端显得冷冰冰，我是没有兴趣的。不好玩，不快乐，不愿意的事情有很多，当你有选择能力的时候就尽量避免那样的事情，并且承担后果。

我见过很多早早钩心斗角的朋友，结果错过了在那个年龄可以享受的快乐，过后后悔不已。他们真笨，不是吗？你也会有莫名其妙感到累的时候，让这种感觉尽早见鬼去吧！

睡不着的时候该想些什么？答案是什么都不想！尽管每次入睡前总有那么多的灵光一闪。但妈妈要睡觉，其余都不管。嗯，实在睡不着的话可以考虑爬起来读一本枯燥无味的课本，安眠良药！

或许你也会有一两个别人不理解的习惯。这绝对是一件值得开心的事情，这个世界上独一无二的乐趣只有你才能享受到。当看到或听到某某人历尽千辛万苦获得成功的消息，妈妈都会毫不犹豫地选择自动过滤。

相较于复杂烦琐的愉悦，妈妈更喜欢简单的快乐。有时候模糊无比令人失望，有时候真实得让人讨厌。这不就是在说人生吗？宝宝，妈妈不能回答你。如果现在就告诉你，会显得你妈妈实在太残忍了。不如我们一起做一个梦，你说好不好？

可以的话，最好是用自己的双脚去丈量一下生活的城市。不要嫌累，只有一步一步走过，感受到城市每一个角落里的呼吸，你才有底气地说出你曾经在这里生活过。被什么三点一线捆绑的人生，天啊，千万不要找借口去为其辩驳。没走过，仅仅听别人口耳相传的实在太无趣了。

你走到了，你才能说你来过了。闷在家里或宿舍里面对着电视、电脑佯装成忙碌的样子。宝宝，太多的人活成那个模样，我不是想嘲笑他们，但明明就有更好的感觉在外面的世界。

在外出这件事情上，妈妈从来不会偷懒。时间有时候会显得不够用。我们常常说的话确实"好无聊啊，都不知道怎么打发时间。"类似的蠢事还有很多，我们却乐此不疲去做。究竟是哪里出了差错？

宝宝，小时候记得不要在长辈面前伪装你的喜怒哀乐。伪装这件事情，长大后有太多了，没必要提前练习。高兴就高兴，伤心就伤心，笑就笑，哭就哭，不守规矩是小孩子的最大特权呀，不加以利用你就亏了。

只爱陌生人。说穿了就是一个自己骗自己的借口。宝宝，我写给你的这些话，难免有一些偏激。或许是因为妈妈在教条下循规蹈矩，但又有不安分的感觉。你可能不相信，在长辈眼里，妈妈竟然是不需要过多管教的后辈。做到懂事才是使坏的前提啊。这种滋味可能会不好受，顾虑太多反而错过了一些事情。

嗯，宝宝，妈妈真喜欢胡言乱语。你随便听一听，从中选择对你有用的，做你自己。

至于妈妈的路，别复制了。想逃课离家出走就去做，有跟妈妈与众不同的经验才是妈妈的宝宝啊。

实际上，会困扰妈妈的问题很多，其中大多数还会让妈妈抓狂。只是我习惯在一个人的时候才打算思考如何解决这些问题，剩余的时间为我已经解决的问题开心。妈妈出生在一个已经存在了太多先知经验的世界里。

被不断教导说不可以挑战权威，因为那是大不敬的事。我一直很好奇为什么。他们之中有一些人跟不进生活中的琐事，无法照顾好自己的起居。没有保护的话说不定他们只懂得附近不超过500米的建筑，就凭他们单方面的卓越因此不可一世。

宝宝，尽管他们很厉害，妈妈还是愿意跟一些不那么厉害的人讨教，懂得应该分享，而不是高傲地施舍。所以对于很多只会哼气的专家，妈妈维持礼貌是最大的容忍限度了。忙里偷闲的时光，与一个月都无所事事。当然是前者更为吸引人啊。宝宝，当你懂得越来越多的时候有一点千万不可以忘记，那就是学会保持沉默。

宝宝，如果自身不够强大的话，任由自己的性格过活，后果往往不怎么理想。完全不知道接受无法改变的现实，自己气自己，何苦呢？当下可以适当表达自己愤怒的情绪，可是让这种情绪伴随下去，受累的是自己和朋友，说不定气愤的对象压根不知道你在气什么呢。

罪，大多数是自己找来受的，怨不得别人。懒，大概是对你妈妈最准确的概括。说要给你写专属独一无二的字，却总是被一些事物吸引开，例如网络，至于提笔，完全忘了比较好。

有一个随性的妈妈，你的家教绝对不会太严。当然，若是你妈妈发飙的话，我陪你捏着耳朵认错，然后朝对方互相做鬼脸，悄悄说老妈坏话，嗯，是悄悄地，不然我很可能睡沙发。拉钩，我们是同盟，是吧？

看到街上晒甜蜜的情侣，你千万不要变成那样以极端方式表达爱情的人。心情低落的时候可以制造一个秘密，然后，告诉某个人。有朋友要告诉你一个秘密的时候，你得万分警觉。很可能那是一件众所周知的事情，但不用说破它，也别跟其他人说，你还想跟其他人分享秘密的话。

秘密很暧昧，对待它要很小心。对了，宝宝你还会与很多专门歪曲你意思的人打交道，很烦很讨厌的那种。问我怎么办？

"三不"政策，事前不交流，事中不理会，事后不后悔。或许还有更好的办法，只能等你来跟妈妈交流经验了。

在遇见你爸爸之前，妈妈是习惯一个人旅行的。尤其是游玩了一整天之后冲过澡在旅馆的双人床上翻来滚去，感觉微妙又舒坦。第二天嫌太累就索性改变行程，而且不用跟旅伴解释。

不受过多的因素干扰，你才会体味到旅行的意义所在。行李里面不可少的书，旅行中写下来的字，听见的故事，在机场或火车站遇见好心的陌生人，出发前一天晚上因太激动睡不着，没有过去的城市。拼拼凑凑，是一个人才能搜集到的。

只是得跟亲近的人解释行程是绝对安全的这一点，有点麻烦。

你会想一个人去旅行吗？

去吧。

二

出生后你会被迫接受很多规矩。什么时候应该哭，什么时候应该吃东西，什么时候应该爬，等等。嗯，这个别问我为什么，属于生存的基本技能。至于某些听了就会让人火大的陈旧规矩，那就痛恨它，长大后尝试打破它。你妈妈也算是私底下挑战了很多规矩的人来着。

　　宝宝，不可以输给我呀。妈妈的朋友大多数都拿我的无厘头无可奈何，却又忍受我的白痴。你的叔叔阿姨们会对你的出现感到惊奇。他们都说："你这个人只适合独活！"说得十分肯定。而他们不知道，我多么希望你的到来。跟你擦擦鼻子闹着玩，头碰头一起看故事书，搂着小小的你睡觉。他们不知道的。

　　哈哈，追捧单身至上的妈妈居然会这么想，真奇怪。但，人生就是一连串奇怪的事情组合而成的，接受它，看开它，之后像你妈妈一样享受它。或许宝宝也会有一两个别人不能理解的习惯吧？

　　嗯。这绝对是一件值得开心的事情，这个世界上独一无二的乐趣只有宝宝你才会享受得到。跟长辈交流是一件麻烦透顶的事情。

　　排除他们不断重复的人生经验可以借听一听调整人生态度，其余的说辞只会让人有反叛的冲动。允许宝宝你在我老了开始碎碎嘴的时候大喊一声"停！"这也许是我没能实践的遗憾事之一。还有，你敢跟你妈妈喊的话，估计你会遭殃。所以是我们两个人的小秘密。

　　哦，忘了说，礼貌是为人处世的基本要求，其中包括尊敬长辈（哈哈，你妈妈就是自相矛盾的个体）。

朋友刚刚用短信问妈妈该怎么拒绝一个人。唉，拒绝，既要顾全面子又不能伤害到被拒绝的一方，世界上怎么可能有那么顺遂的生活？不能拖泥带水！

拒绝朋友，拒绝亲人，拒绝爱我的人，拒绝美食，拒绝好玩的，需要很大的决心。宝宝到时候也会亲身体验到，完全无法回避。当你面不改色拒绝掉一个人，嗯，我并不想宝宝你变成那种冷冰冰严肃的类型。视觉狭隘了，懂吗？偶尔有犹豫不决才能证明是以一个人的身份在活着。

妈妈最难拒绝的是用情感来要挟的那种人。我会帮忙，可是会消耗掉那个人在妈妈心里的好印象。知道吗？有一次跟朋友翻脸，足足三年一句话都没有说。额度透支了，就不能怪我冷眼相待。好在只有过那么一个人触了底线，不必不开心。

两天前想吃蛋包饭，搭了快一个小时公车到达目的地才发现那家店面已经更换成另外一家连锁快餐店。因此折磨自己不吃午饭，一个人开始逛街。原来很多常逛的小店都在甩卖打算转业。看来以后只能在记忆里面怀念当时的感觉了。不喜欢虚华高速发展的城市，往往来不及适应就被迫接受另一套庞大且陌生的生活方式。还渐渐扩大到朋友、爱人。三五天一更换，最长坚持三个月。

　　宝宝，你如果也是如此容易被替换掉，也会不甘心吧？

　　每天上网的例行公事，开论坛，聊天工具，下载器。竟然变成了例行公事，与外面变化的世界相比，网络算是更稳定一些？但宝宝你要知道这真的是一种过于真实的错觉。宝宝，你以为你通过图片、文字、视频感知到全球每一个角落的事情，其实你并没有，回过头来看一看，照旧是你熟悉的场景。饥荒、干旱、极光、森林大火、凶杀现场等等，是网络给你构筑出来的，别沉浸其中，而放弃掉感受真实世界的美好。现实尽管残酷，但可以过活在幻觉里。数学算式，其实对没有深刻研究的妈妈来说，加减乘除就够用了。宝宝，妈妈又开始在书店里面逛来逛去了。

　　差不多每一本感兴趣的书都被妈妈拿起来翻开看一看才放回去。我很享受亲自挑选书的过程。摆在前沿的是那么多完全不同的陌生世界，等着我去选择，带回家开始一个人的文字历险，很微妙。

　　也许这就是妈妈不喜欢图书馆的原因吧？看完书之前还要担心是不是已经到了归还期限，烦人，不能真正拥有一本书的感觉很讨厌。当你在书店为一本书买单时，你会知道作者给你创造的世界才算是真正属于你。

为什么会对书情有独钟？

嗯，毕竟文字带给妈妈的感觉是别样的冲击，书以不同形式的文字排列组合细细一笔一笔勾勒出难以言喻的通感。作者送给你一个轮廓，其余的归读者通过想象力来慢慢填满。不似电视、电脑直接给你呈现出一个具体的意象，剥夺了想象的过程，顿时变得索然无味。

说来说去，好像也没说出惊艳的话。嗯，宝宝，原谅你妈妈还不算是一个称职的讲述者。

宝宝，很多朋友都问过你妈妈，说："你常常抱怨网络虚幻，但每一次上线都看得见你活跃的身影，说不通吧？"

宝宝，他们不知道，妈妈只是用掉他们学习背单词的时间写东西，剩下的，交给网络看看，不错的。要知道，很可能他们学习的时间比妈妈上网的时间要长得多。妈妈不喜欢长时间学习而已，但总得有一种方式磨一磨时间吧？是的，上网是消磨时间是最有效的方式。

不过掌控标尺的是我自己。难得有一天早上没有早自习，赖床了。起床时打开电脑发现常去的论坛里面随手写的

"三行情书"竟然在评比中拿到第二名。开心了一下，决定跟宝宝你分享。

三

"你懂眼神交流瞬间吗？"宝宝，你知道吗？妈妈与很多人有过眼神交流，那种从对方眼里读出大量欣赏的感觉真的会让人一整天都心情愉悦。但是宝宝呀，千万不要轻易尝试说破，当得到的答案不是你所想的，你宁愿一直装傻。

妈妈有过拆穿的经验，不好受。尽管后来的交流会彼此顾虑，妈妈依旧庆幸没有把话说得太绝。还能做朋友听起来会太过于理想化，可不能交谈更让人胡思乱想。

宝宝，妈妈的故事好简单，简单到妈妈不愿再回忆提起。总是有朋友认为妈妈历经坎坷才会装傻什么都不知道，有机会就想知道我的过去，却不会读我写的心情。故事就剪碎了藏在里面。

或许他们不喜欢玩记忆拼图？妈妈却一直坚持从口中将故事完全讲述出来那实在是对故事的不尊重。只因为妈妈不擅长将一件简单的事情讲得讳莫如深。假如我向你表达的，你不能理解，那就属于废话。这条法则还适用于其他地方，宝宝你自己去发掘吧。

宝宝，如果说很多人对某一事物感兴趣并且向妈妈极力推荐的话，我会本能地产生反感。凭什么要指点别人的兴趣爱好？言语修饰过多只会失去了本来的趣味，你把我可能会发现的可取都提前说了，我还去体验什么？就跟推理一样，把结果亮出来后，一切变得没那么有趣了。所以呀，宝宝，有人来问妈妈应该读什么书，什么书值得推荐，我总是不知道该怎么回答。

妈妈想了想，这个世界里面好像对一个人的生活有所抗拒。家里有父母，外面有朋友，学校有老师，旅行有旅伴，恋爱有对象，结婚有老公，唉，留给一个人的空间有多少？人类果真还没进化到离群独居的地步？哈哈，也许真的到独居的时候妈妈又想找个人来陪了。

妈妈很享受一个人窝在KTV里面的时光，无论快歌慢歌情歌悲歌，都能吼出自己的韵味，不在乎走音没有，尽力融入歌词的情境，短短几分钟演绎一段人生，一整个下午，得有多少人的故事？

不过需要忍受结账时服务生的异样目光，这一点让人小不爽，谁规定KTV只能一群人嘻嘻哈哈欢愉的？类似同样不成文的约束，不必遵守也罢。评判一个人，不适合用过于激烈的言语。

　　妈妈更倾向于将这个人所做的事情一一罗列出，至于歌功颂德的华丽辞藻，看看就得，那基本属于后人倾向性的赞美。宝宝，你得亲自与这个人交往过，才能明白他是好人还是坏人。毕竟好坏标准那么多，在你心里，你觉得他是好人，他才是好人。

　　至于别人的意见，参考而已。

　　宝宝，你问妈妈会希望你长成什么样子？嗯，宝宝，这是一个不好回答的问题，关键是在于你想长成什么样子。把自己的问题推给别人那是最讨厌的了。宝宝，我会帮助你长成你想要变成的模样，而不是领着你走上一条你很可能不喜欢的不归路。

　　人的动机有时候很单纯，单纯到恐怖。

　　所以妈妈也是很害怕跟毫无心机的人打交道，捉摸不透，简直是在侮辱妈妈的专业。宝宝，你有一段时间会让妈妈抓狂，可是那才是你，不必介意。昨晚返程火车上隔壁的人一直在高声谈论自己的人生经验，并不断规劝对方应该怎么活。好霸道的哗众取宠。

　　凭什么需要你一个陌生人的劝告来局限自己原本选择的生活？尤其是成年人，有能力对自己的行为负责了以后，他人再来套近乎对你指指点点。唉，只不过在过着与别人不一样的人生，听起来才有挑战的刺激。

　　甘愿完全遵守准则过活的人，毫无趣味。什么都不懂的人喜欢乱说话；什么都懂的人懒得说话。所以很多时候宝宝你听见的是一个扭曲的世界。

　　妈妈会在心情异常烦躁的时候出门，搭公车或者走路。沿路盯着行人，通过他们的表情去猜测他们有什么样的故事，编造出来的故事有多种多样，有的被妈妈写下来，大多数的都烂在脑子里。

　　那些不同的有趣故事，像是自己在编排别人的人生，你自己的世界里面没有什么是不被允许的。不用交谈，不用求证，只是默默观察，心情不知不觉中会变好的。宝宝，妈妈是一个怪人，对不对？

四

　　宝宝，有一种朋友妈妈真的很讨厌很讨厌。无论他做什么，都要求别人赞同他，斤斤计较付出过的所有细节，反过来可能会忘记你说过的话，答应过你的事情。只在认为你有用的时候挖出来吐吐苦水。嗯，还有种种行为，最讨厌的还是他口中打着"我们是好朋友"的旗号来索取。

妈妈不愿意挑明说，毕竟没有必要，只能拒绝掉他大多数无理要求。他不会经营友谊，但不妨碍妈妈自己风生水起。

哈哈，世界又不是只有性、堕落、背叛和不信任。

有关于妈妈未来的职业。估计会接触到各色各样的人，宝宝，人是一种常常折磨自己以获取某种快乐的奇妙生物。妈妈喜欢听他们讲那一段过程里的心情变化。像是读过一篇文字，某人的一番话，更扯的有看见路边花开的画面决定自己不能继续消沉。

一个人，一段一段不同的精彩。错过了难免会觉得非常可惜。加上现在滔滔不绝再说的人那么多，而相匹配的倾听者却少得可怜。把自己的耳朵开一开，再给予适当的回应，这是妈妈最为简单的处事原则。

宝宝，慢慢长大后，你也会开始追崇偶像。

偶像，给你不断前进的动力，朝他的形象不断努力，阅读他的成长史，从中选择你能做到的，目的只是朝他靠近一点点。可是呀宝宝，偶像拥有的粉丝复制品那么多，很难一眼中认出你。难不成要表示不屑，好像又太别扭了，好难抉择的事情。

还好，妈妈的经验就是在不同的阶段更换不同的偶像。妈妈很自私的，每次学到了偶像好的特质后便开始物色下一个取代他的偶像。

明明就是自欺欺人的幻觉，却总有人口耳相传赞许有加。他们可能没有亲自体验过，宝宝，要知道那根本没有底气发言。宝宝，妈妈比较喜欢让阅历丰富的人打开他的话匣子。我有些时候也会听得昏昏欲睡，事后后悔。还好他们无比火大，不会计较妈妈的不礼貌，依旧愿意跟妈妈分享他们的人生，听我无厘头的搞笑蠢问题。对比起煽动的标题，内在更能吸引长久的朋友。

宝宝，很多人都在问妈妈，你是谁？嗯，宝宝，你还没有出生，妈妈不敢回答他们。妈妈只是在睡前写一写将来对你的感觉，告诉你妈妈短短人生里面的尴尬事，讨厌谁喜欢谁不待见谁欣赏谁，通过最简单的文字聊以表达，不求讳莫如深，只想说出妈妈的第一感受。

因为是随性而为，凌乱的段落，零散的思绪，是给宝宝你的文字最大的特点。你出生后可能这些都变成陈腔滥调，假如你不屑一顾，宝宝，大胆说出来没关系。妈妈希望你与妈妈是可以交流沟通的。

妈妈在上课，昏昏欲睡，私底下藏着的小说看到一半。从高中起就喜欢用双本夹层，老师在讲台上浑然忘我的时候，妈妈在下面进入的是截然不同的世界。妈妈不能说这种行为是否正确，妈妈在做这些事情的时候仅仅是因为不想听课。至于不愿意思想被禁锢之类的，以妈妈的智商，说出来就像是一个冠冕堂皇的借口。就是厌恶课本上教条的知识，热爱其他书本的油墨味。

小时候，妈妈乐于与漫画书为伍，曾经对满是字的书无比鄙夷。连《一千零一夜》和《格林童话》都要看插图版。你爷爷奶奶没有给妈妈什么所谓的阅读计划。还记得一直到初三，妈妈的作文烂得一塌糊涂。到后来忘了是什么原因，开始觉得用字来叙述心情其实挺好玩的。高中以后没有一次抱怨每周八百字的周记是难以完成的。当然也得感谢当时的语文老师，她不似其他古板的老师，对妈妈在周记里面对于爱情天马行空的描述通通打压，她给予妈妈最大的容忍，不然很可能连现在写给宝宝你的文字都没有。能像现在的话痨，不顾其他人的阅读和不断书写绝对离不开。

<h1 style="text-align:center">五</h1>

昨晚跟一位新认识的朋友稍微聊了一下。他的智商比妈妈高很多，从他在读学校和所学专业就看得出来。那是妈妈一辈子都玩不转的物理，按理说他感悟幸福跟享受刺激的机会相对来说会比较多。他却告诉妈妈说他的人生在破损，生活得狼狈。哈，妈妈跟他都处在横冲直撞的年纪，跌倒受伤属于正常范畴。我不懂哀伤是为何。正因为有那股冲劲，想到便去做，而跨越年龄的伤感，实在不应该。提前预支了太多悲伤，那往后遇见该落泪的时刻流不出眼泪，好冷血的成功人士。现在失落了，下一秒就该更换心情考虑以更积极的心态站起来去闯去拼才适合妈妈现在的年纪。

宝宝，有太多人的条件比妈妈优越，他们宁愿坐着自怨自艾都不肯打开自己的门去接受外面的声音看法。索然无味，最终他们所担心忧虑的也就成了事实。

跟很多人聊过天，无论是网络上还是现实中。

先说妈妈最讨厌聊的一种人好了。开口就是"我怎么怎么样，你怎么怎么样"。这种人往往非常自卑甚至是完全不相信自己。很可能居尊处优惯了，言谈中难免有种扭曲的价值观要强加给对方证明些什么。是他们手中是有赋予这种权利的资本，还有一些不断认可他的也许算是朋友的人。嗯，视角狭窄的人，敬而远之是首选。下一次，妈妈不会继续与他聊。

近来突发奇想问了下朋友他们对妈妈的印象，综合起来只有一句话，时常塞着耳塞最贱特立独行的骚包。短短一句话，我承认他们不愧是被妈妈认定为朋友的人，而不是同学同事师长之类的路人甲乙丙丁。

对于太熟悉的生活环境，妈妈愿意用音乐隔绝掉一定的杂音。尽量将自己的感知力缩减到最小，信任某一个地方，便不用胆战心惊草木皆兵。不同于旅行，一定要充分感受一个陌生的城市给予你的包容，包括小贩的叫卖声，街道施工的噪声，街边艺人的歌声，上下班时刻公车上的人声鼎沸，一点一滴都尽可能收纳进记忆力，身份是过客，再次抵达时少有机会的了。

宝宝，你在妈妈的海洋里面会关上耳朵嫌不断想跟你说话的妈妈很烦吗？说起来，妈妈一直都在以双重标准生活，并且不断切换。

妈妈在写字。从初三开始就没有间断过的习惯，每天至少随手写一百字当作一天的总结经验。有可能是重复昨天的步骤，但有一模一样吗？很简单的例子说一说，妈妈乘公车时旁边一起等候的人很少重复，与昨天细微不同变化每当一被发现，妈妈一整天的心情都会异常愉悦。

懂这样乐趣的人不多，至少妈妈活到现在遇见过的人不多。宝宝，不要放弃每天入睡前可以真正跟自己说上几句话的机会。小时候大家都会这么做，长大后渐渐忘了去这么做，甚至是极力否认有过那样的日子。也是，要承认自己过去幼稚的尴尬事有点困难。

宝宝，不要怕，妈妈在你身边。低落的时候选择慢歌很蠢。妈妈喜欢干蠢事，然后自己纠结得死去活来，最后忘了是因为什么低落，于是继续疯癫，随着欢快的音乐扭摆。得过且过，还不如不要过。

课堂上有一些人有在叽叽喳喳说些无聊的话。妈妈看不起这样没有自律性的人，选择到课堂来上课就得保持安静，打打闹闹聊明星绯闻课后逛街倒不如别来上课，影响本来想听课的学生。

宝宝，不要做把持不住基本道德的人。免得回过头来宣称需要靠法律来约束道德。宝宝，那不实际。没有人愿意在受到惩罚后心甘情愿约束自己的行为。管好你自己的底线，绝对不要突破。是的，任何情况都不行。

好学生，坏学生。妈妈是后者，不像妈妈欣赏的蔡先生那样，做一个成功的好学生，然后去做小打小闹有趣的坏事。妈妈很喜欢他的古灵精怪，他是妈妈少有的没有更换过的偶像。以后？哦，宝宝，以后的事情很难说，蔡先生他不知道什么时候会干出什么样的事情。但这不妨碍妈妈喜欢他挑战边缘化的尺度。让妈妈感觉到不同角度去看待思考世界会眼前一亮，无比有趣。

有朋友说妈妈在跟宝宝你碎碎嘴。没有对你抱有太多实质性的建议和寄托。宝宝，你不觉得很奇怪吗？本应由你掌控的人生，妈妈以胁迫式的语言干涉你，实在太不讲道理了。妈妈已经尽最大努力开脱掉长辈的许多厚望。至于宝宝你的人生，加油。

一直在想，妈妈会以什么心情面对宝宝你的第一声啼哭。

你来到这个世界了，或许那时候妈妈焦急地计算你来到之前的每一分每一秒，又或许妈妈根本不在老妈身边。你对于妈妈来说，是妈妈从18岁开始便一起期盼着你会于某一天降临。与你分享妈妈不成熟的人生经验，希望有你，妈妈才让现在的每一天都过得非常愉快。

宝宝，你现在在哪里呢？刚从街道上一个人散步回宿舍，想到学校里面路过的几对情侣。妈妈常常唱衰这种毕业后大多数以分手告终的恋情。浪费爱的能量，提前体验，青春要后悔的事情有那么多，为什么总有那么多的人选择浪费在爱这件事情上面？

信誓旦旦、山盟海誓的爱，到后来，反而渐渐没有力量了，被市侩、利益、肉欲等取代。暂且不说取代掉爱的好不好，妈妈对于爱从18岁开始便一直小心翼翼的，傻傻认为会在未来遇见一个什么人。

有些烦人，现在差不多每一天都是节庆，被规定得做什么事情，听起来有点不可思议，但人不就是不可思议的物种吗？有时候明明都洗漱好躺在床上，又自我折磨冒出一堆想法，真的是要休息睡觉了吗？

好吧，其实妈妈很喜欢那些古怪的想法，选择一个，然后到梦里面继续玩。妈妈从小时候开始便被教导外面的陌生人全都是坏人，有过一段时间惧怕出门这件事情。大人们就是希望小孩子乖乖地待在家里，不会受伤不会遇见危险。但外面的世界危险又精彩，没有体验过怎么能适应成年后被突然要求的独立成熟？宝宝，大人是不是比你想象的还要任性？

他们以往未经历未实现的，小孩子凭什么要替他们一一完成？小孩子有权利过自己的生活才对！最讨厌的就是对别人人生指指点点的大人，他们往往过惯了被控制的生活，还妄想掌握别人的生活。宝宝，仔细想一想，他们还是挺可怜的。完全没有自由呀，更无趣的人生。

五

在超市里面无所事事闲逛的时候，妈妈喜欢细细阅读那些标签，价格、产地、货架等等，这些零散的信息凑成眼前的商品。好像认识一本书、一件事、一个人，妈妈会先从细节去看，至于已经发光发热，众人口耳相传的，实在不想被那些表象干扰。

宝宝，得学会撕掉那些没有用的标签才去判断。无论对于别人，还是对于自己。宝宝，这几天妈妈都在找一个心情上的平衡点。一不小心就会跌入心情烦闷的那一边。这时候妈妈一般不会选择找朋友倾诉的方法。很可能说了很多，对方根本没有听进去一句，比说之前再平添了另外的情绪，可怜的还是自己。这时候倒不如一次悠闲的散步或读一本好书。

心情低落。貌似大多数人都会感觉到别人不理解自己，所以就可以随意发泄不良情绪？嗯？宝宝，又是一个没长大的大人而已，碰上了不需要太在意，千万不要去管他，当他把你当成稻草后你就得负责他们多疑的人生了。

他们真恐怖。往往会有人来妈妈这里打听其他人进来的情况，而且说的理由是他的好朋友。很奇怪，既然是好朋友直接去问本人不是更直接简单？他们给妈妈的答案一般是不好意思开口，问不出来。他们真的是好朋友吗？妈妈也不知道。又有人在妈妈耳边念叨，眼见为实。可是妈妈相信眼里看见的很多所谓的现实都被歪曲妖魔化，再加上刻意的言语加工，妈妈已经不敢相信直接投射到眼里的事物。问妈妈总会有值得相信的？宝宝，有时候傻一点顺着谎言的方向走其实挺不错。真正重要的是你自己的心。

妈妈在上选修课，耳朵里塞着耳塞，没打算听课。朋友不止一次鄙视过妈妈的行为，都是不听，索性别去上不是更好？

会这么做不仅仅是选修课而已，专业课妈妈依旧是自顾自地在底下忙活自己的事情。看书、写稿、玩游戏，到课堂上纯粹是为了混一种安静的气氛，待在宿舍的话很可能被其他事情吸引走，不能集中精神。所以妈妈很讨厌在上课时窃窃私语的学生。

妈妈又在阅读了，关于爱情。不是严重鄙视现在几乎变成廉价商品的爱情吗？没错，但至少好的文字里依旧存在简单纯真的爱呀。妈妈不会放弃相信他们的权利。一直都相信会有一个人跟妈妈旗鼓相当，只是晚一点出现。说不定那个人就是你老妈哦。

有事没事的时候，妈妈总会发呆。发呆有什么意义？妈妈也答不上来，难道一定得因为有什么意义后才去做这样的事情？没行动起来，没亲自去寻找，别人口中的意义只是无聊。自己在过程中发现了让自己开心的环节，那样不是更加记忆深刻吗？

宝宝，有关于自己的经验可以分享，但别指望过与别人一模一样的生活，那是无法复制的。

宝宝，也许长大后你会发现妈妈常常跟你说一说其他人的故事。关于你叔叔阿姨们的故事，基本上吃香喝辣的时候妈妈没遇见他们，巧的是差不多全在他们低谷时安慰过他们，听他们讲好多好多的故事。

宝宝，你会从那些故事当中学到很多不同的人生，突然发现自己的生活没想象中的那么糟糕。悲伤的模样有很多，但都是因为伤心了。朋友刚刚打来电话，语气不是很好，听起来有失恋的征兆。

妈妈周围有很多朋友在爱情这个竞技场里十分勇敢。几乎每一次战败以后，遍体鳞伤，只需稍事休息后又可以义无反顾冲回战场。他们积累的经验告诉他们只有不断地尝试，才知道对的人是谁。于是渐渐地变成情场老手，对简单的浪漫没有了感觉。

妈妈羡慕他们的勇气，却从来不敢轻易为之。替他们疗伤我已经忙不过来了，再进去让自己死去活来，何苦呢？在某些长辈面前，妈妈根本不会表现出自己最真实的一面，更不会与他们有任何交流，总觉得他们不会做到完全理解。尽管如此，妈妈也知道在重复他们年轻时的弯路，以不同的方式罢了。宝宝，真的很不甘心，无论怎么追求，都是会回归大一统的生活。嗯，那就这样吧，在尽可能的范围内让自己过的每一天都是开开心心的，足够了。

有时候妈妈也会困惑，别人的目光真的那么重要？按照自己的方式说自己的话，做自己的事，难免会触犯到某些人的利益。有的人不在乎，有的人稍微一点风吹草动都会往心里去。这时候该怎么办？有一个很简单的方法可以借鉴。

一句最真诚的道歉，不是过于严重的伤害，别人在听见对不起后都或多或少感到欣慰，会原谅的。当然，可不要屡错屡犯。当妈妈看到亲近的人难过，会伤心；读到相似的经历，会伤心；遇到不如意的事，会伤心。宝宝，人怎么就那么脆弱呢？

六

看到过很多不负责任，丢下烂摊子逃之夭夭的人。这类人一开始往往信誓旦旦，包揽下一切超出自己能力范围之外的事情，一个不开心又全盘否认是自己的过错，让同伴十分难堪。本来就有很多事情要忙，主事者再一甩手，难免会让人感觉不爽。这类人自我中心习惯了，讨厌得可以。

宝宝，虽然妈妈也不习惯责任这种束缚人的玩意儿。可是答应了别人的要求，便坐到善始善终。不然一开始就直接拒绝，没有谁会怪你的。

　　跟宝宝说到过，妈妈并不是一个聪明的人。值得庆幸的是，妈妈没有将问题放大去在乎的坏习惯，那只不过是瞎折腾自己。

　　宝宝，有的电视节目主持人常常把一个笑话拆分解析说给观众听。妈妈听见此类笑话实在是很难笑得出来，都摆开了，那幽默感穿插在哪里？少了幽默感，还有值得好笑的地方吗？宝宝，少点看那类节目，会让你的思维僵化，等着别人给你分析才能领悟，这何尝不是一种悲哀？

　　宝宝，妈妈的朋友最近失恋了，失魂落魄，萎靡不振，窝在宿舍里连课都不想上，吃不进，喝不畅。他真可怜，是吗？但是对不起，妈妈一点都不想鼓励他振作起来。

　　如果是因为失去一份恋情，影响到自身平时的生活作息规律，那算不算折磨自己向对方宣告我错了求求你再给我一次机会吧？没什么好可怜的，靠自身痛苦乞讨回来的感情，妈妈向来不屑，这么一来双方存下芥蒂，往后抱怨起来，能找谁追究？

　　既然清楚说明分手意愿，那就别过多留恋。楚楚可怜，要求符合那便是输家。（尽管爱情从来没有输赢之分。）再让生活颓废。哎，宝宝，你要记得，我们还需要生活，不是在演剧情丰富的电视剧。哭死博得一时的同情，也就没有了，值得吗？

宝宝，你知道吗？有很多话，面对着当事人不说出来，以为对方能明白。可是，我们怎么可能完全了解一个人的想法？如果不说出来，很可能一辈子都不知道你的意思到底是什么。

一些话，确实很伤人，但说不定只是我们低估了别人的底线，找一个恰当的时机说出来吧。哦，不在乎对方的话，这一点可以完全忽略，跟他维持礼貌就好了。

妈妈经常会用一些别人眼中贬义的细语去形容朋友的性格。例如贱这个字，妈妈一直觉得无伤大雅，跟朋友开玩笑的时候很爱说："你很贱哎！"这句话老做话题间的过渡。像有的人会有精神洁癖，可能说到某个字都会上纲上线，跟你争辩是非黑白对错。

妈妈怎么应对这样的争论？哈哈，将这种胜利拱手让他呗。下一次注意别跟他开玩笑就好，不过恐怕是没有下一次打闹了。每次收到用免费软件发来的短信，说实话。妈妈很讨厌，根本就不想理会。这一毛钱都要省，交流感觉未免更加廉价了吧？因此妈妈也做到了此类短信基本不回，哪怕是再重要的事情。

　　妈妈很少讲什么列为讨厌清单的。宝宝，当突然失去某件东西的时候，妈妈才发现在不知不觉中，已经依赖上了。嗯，果真是在松懈期间会被击垮，温柔一刀啊，看来下次得提醒自己小心点。

　　不过有些分离伤害妈妈还是心甘情愿承受的。很多人对生活还原贴切与否十分关切。期盼遇见的朋友都是有着相似经验可以交流的，渴求别人一定程度上的认可。例如上学时扎堆谈论昨晚的偶像剧，上班时的聊股票行情，邻里间东家长西家短……嗯，不凑上去说上一两句似乎就是不对。

　　天啊，宝宝，在意这些的话你知道要耗费多少属于自己的时间吗？如果不是以此为兴趣，稍微被边缘化一点也是没有关系的。宝宝，对于大多数陌生人突如其来的问题，妈妈不会回答。

　　他们问问题的方式很奇妙。"你肯定是……""你百分之百是……""我认为你就是……"通通以这样的句式开场，最后加上二选一的结尾。奇怪，他们内心不早就有答案了吗？妈妈答是，他们就会加以肯定，我就说嘛之类的话便出来了；答否，他们就举例子试图要驳倒妈妈，好像他们比妈妈还要了解自己。

哦，拜托，我们不熟，甚至连面都没见过，不曾读过妈妈的一字一句。你是谁呀？我的人生不需要建立在陌生人歪曲的想象肯定之上。宝宝，别人的人生，我们可以观看，但千万不要干涉，我们又不是上帝，更何况上帝又不是什么都来得及去管的。

好久没有静下心来跟你说说话了，宝宝。这期间妈妈都在忙什么？呃……其实大部分的时间都在忙着放空发呆，唯有事情到了不得不解决才慢吞吞着手各种处理，好在幸运，所有都做到了最低满意限度，然后没妈妈什么事了就立刻抽身而出。

嗯，就是没有办法适应最终评价，无论是表扬还是批评。做到自己设定的目标时不就可以开心了吗？有点困，这几天休息的时间似乎少了一点。连妈妈都压抑几天没有睡超过七个小时，被一堆烦琐的杂事弄得乱了阵脚。嗯，宝宝，看来妈妈的修为还是不够，挺无奈的。不过无所谓，证明妈妈还有很多东西要去学，太多有趣的经验要去体会。完成某件事之前，习惯了会准备最起码另一套方案来应付突发状况。不过也因为这样，有时候会特别期待有措手不及的状况好检验一下自己的应变能力。

宝宝，妈妈是不是有点神经过敏了？还好，妈妈的人生到目前为止都没有让妈妈检验能力的事件。一切平淡顺利，没有自娱自乐的话，恐怕会十分无聊。宝宝，真心实意想要帮对方忙的人，是不会太啰唆的。所以有的时候听见有人说得太多，妈妈宁愿一个人去解决。又不是非得需要他的帮忙。见到那副嘴脸反而更烦。宝宝，妈妈这样是不是太离群或其他之类的？

想要笨到底，并不是一件轻松的事。而太聪明呢？也不会让你开心。找这种平衡的游戏大多数人都在玩。结果怎么样？宝宝，不知道，只有亲身体会才能说出最确切的答案。

七

宝宝，妈妈现在在机场，周围大多数的人都是一脸倦容，还有的人不顾形象直接躺在长椅上。忘了是第几次一个人在机场看周围旅客的表情变化了，只有这时候才能感觉到时间是真正属于自己的。很多人都会觉得等待很漫长，可妈妈却十分享受这样的悠闲，不用着急，因为结果会自然出现。

　　这次一个人回学校竟会有些许不舍。再在学校待上三个月，然后差不多就要说再见了。如此一来妈妈也该为你的诞生做准备去打拼了。来机场的出租车上妈妈一直在想，是不是妈妈已经漠然道只有用钱来才能维系感情了？又没有付出过什么，怎么就斤斤计较起来了？似乎说不明白。

　　并不是一直都把一切事情想开，仍有某些固执的坏习惯。不过随着妈妈经历得越来越多，被慢慢掩盖起来罢了。碰上睡不着的晚上才会翻出来细细咀嚼。自己在黑暗中跟自己小声争辩起来，往往没有结果，因为提出来的情况全部都是假设，在这里面有可以衍生出无穷的假设。

　　宝宝，妈妈便是这么长大的。不善于与别人交换秘密，仅仅是靠自己压下蠢蠢欲动的倾诉欲望。表现得那么无所谓，也可以说是自我保护的一种方式吧？唯一的好处就是不会知晓有谁伤害过你，你伤害过谁。但唯一的不好也是在此。

　　一生中需要补充的常识太多了。宝宝，根据你的生活学会从中去选择最适合你的去学习，否则一个不符合你的常识执行时会让你觉得自己特别蠢。

　　想摆脱掉恼人的论文资料。在某堂无聊的课上把写给宝宝你的字又看了一遍。有些段落让妈妈不禁一笑，原来不知不觉中还是会露出"你就是得听老子！"的感觉。

对待其他人，妈妈或多或少也表现出来过。想一想，开导过许多朋友，其实综合起来不过是最简单的一句话。靠自己的努力在所有情况下尽可能地做自己，不用管别人怎么看。

看似简单，做起来非常困难。

父母、亲人、上司、朋友，甚至有的时候连自己都会妨碍自己。不过也是如此，才会有许多精彩故事能够由自己去创造，尽管观众看起来不过尔尔，有什么好了不起的？宝宝，这时候别在乎礼貌，大声后回去，我他妈的就是觉得自己非常了不起！

妈妈这几天以来不断被提醒少说话，以免说错话。嗯，为了存给宝宝的奶粉钱，只好忍住自己的状态尽量让自己平稳下来，不然还能如何？原本考虑好无奈的感觉会更多一些，甚至做了受委屈的准备。但好像是因为妈妈乐天过头或者替他原因，任何状况没有到最坏都觉得一切也还好。

不知不觉中还会给一些人积极向上的印象，看吧，尽管你妈妈成天吊儿郎当的，也不是一无是处。我挂在嘴边的玩笑话是你且忍他让他……接下来处境会如何转变，没有谁会笑的，对不对？属于你妈妈的无尾熊时代迟早都会到来的（无尾熊时代就是没有天敌自由生活的时代，妈妈自创的，最终结果就是懒死，貌似现在也差不多，哈哈）。做选择固然困难，但承担选择后的结果更让人心烦呢，宝宝。

　　妈妈又开始了自我整合的联系，假设出好多可以允许出现的情绪。发生的一旦偏离想象，另外做不做得到？妈妈并没有做好足够的准备。欠缺的磨炼不是一般的少。有时候年轻是本钱，但沉淀过后的那份理智沉稳才是最让人羡慕的。无论处理什么突发状况都能冷静——处理好，多么帅气的淡定。

　　妈妈羡慕着很多人，却不愿意去抱怨生活来抒发情绪。现在妈妈吃早餐的附近有一座尚未完工的大楼。近几个月以来在宝宝你将要出生的城市里还有许多同样的大楼在不断出现。与许多城市一样，现在不发逐渐取代了大多数人的过往记忆，曾经的风景被强行改变为同一模式的实现，听起来完全没有兴趣再去窥探整个城市的秘密。

　　又不是最好的就一定适合每一个人，会体验的人知道如何调整到步调相似，最舒适的生活方式。

八

嗯，宝宝，一味地追求速度，忽略了悠闲的魅力有什么好值得骄傲的？面对不可避免的摩擦时怎么办？

如果可以，宝宝，尝试在脑海中将自己的思维分成一个情感的你，一个理智的你，让他们两个人先辩论一番，谁胜了无所谓，要是这样的过程里你自然就会发现你能怎么处理了。

可能对你来说，妈妈的讲解显得不负责任。可问题一旦有了确切答案，怎么还会有其他的生活方式来找有趣的人生？宝宝，自己扩展的人生可能不被他人认可，但这边是让自己活得开心自在的简单方式。

两个星期以来，妈妈没有动笔给宝宝你写过任何一个字。准确来说，是不知道还能跟宝宝你说些什么。以往只要拿起笔大概就知道怎么往下写，现在发呆的时间反而更多一些，莫非是厌倦了反复无趣的生活？

天啊，宝宝，妈妈怎么会这样想？其实这几天，妈妈又看到某些稀奇古怪的人，原来生活还能狼狈得如此有创意。

嗯，他们的生活有许许多多别人一辈子都不会拥有的片段，但执着于这些太久了，该指责他们傻吗？

宝宝，你到时候也会羡慕某一些傻子，真的。现在工作的环境，很吵闹，用妈妈的话来说就是每天都是在菜市场上班，偶尔遇见无理取闹的病号，算是平添几分色彩吧？不过类似于昨天在大堂睡了一整个上午的人，从某个角度来说，那样的超然妈妈是做不到的。

如果有一天妈妈真的能不顾周围任何人的目光规则的话，那场面简直不敢想象。当然，是夸张的说法而已，只是未来会怎样，妈妈实在懒得去思索更多。

宝宝，每天晚上洗漱完毕闭上眼，总更感觉到不断有声音在跟妈妈说话。根据妈妈所学的知识，如此一来可以诊断为疯了的，哎呀，原来疯了如此简单？那么，妈妈真的疯了吗？也许吧。

那个声音说了许多话，妈妈将能记下来的一点一点写给宝宝。你知道吗，宝宝？这个声音，它才是教会妈妈成长、平静、不去争抢的最大原因。一直不说，与它和平共处，旁人看来会非议所示，但妈妈心安理得。宝宝，熬吧这样子，你会不会担心妈妈？

　　不断地给自己提问，然后试着用不同的身份去解读不同的答案。二十一岁开始给你写字，断断续续一年写出来的字更像是在自言自语。回看就像是一个永远长不大的孩子故作镇定在记录自己零散的生活，里面的抱怨，不满意，无奈传达的信息，宝宝，妈妈是不是有一点太不负责任了？看到某段话就想直接扔开一切，因为另一边的才是自己构想的完美。

　　不明白身上有什么特点是可以让别人感到安心的。对于许多不再联系的朋友，在整理电话簿的时候都会犹豫再三才终于选择删除。累加起来的告别，在机场，火车站，客运站，强忍着情绪，特别不乖的样子好蠢。

　　聊的话题根本不是当下关心的，周围要细细聊的话，有人，但毕竟同类的特质不能轻易利用，难道之前气走的人还不够吗？宝宝，妈妈的年纪，真的还不足以任性，抑或是教导其他人学什么。

　　再等十年左右，我都不敢保证已经做好足够的准备迎接宝宝你的到来，不过说起来对于每一件事情妈妈都会莫名其妙感觉到准备不够充分，太多的错过都是因为妈妈想要做更多的准备菜造成的。口头常常说想到了便去做，但做的同时仅仅是为了下一件事去积累。最后追求的到底被构想出来了吗？不知道。

宝宝，很有可能妈妈一辈子都会活在自己的不确定当中，对于你，写过那么多话，渐渐积累起来，反而让妈妈自己越来越不清楚自己是什么模样的。

妈妈一个人飘来飘去的，好比才刚刚开始两个星期的实习生活，每一天尽管按部就班，要想学习里面有太多反映出妈妈的不足。先前在长辈面前信誓旦旦说可以独当一面，嗯，没错，还是有很多力不从心的时刻。就连简单的一句话都会怀疑自己做不好。

呃，生日这一天说那么多消极的话是不是太不对劲？宝宝，可是今天就快过去了，果真不通知的话，能清楚你生日的人永远都只有几个。也对，世界上有无穷多的人跟你在同一天诞生，有的忙忙碌碌到忘记，有的欢庆愉悦到哭泣，有的长相厮守到平淡。这一天里面打动人的故事又不可能仅仅发生在同一处。谁又有义务去专门记下你每年都在变换的生日呢？

倒回来说，年纪越大，哗众取宠就会更加验证在妈妈身上。如今妈妈的疯狂早就不能用以往的方式来表达，执着也得考虑隐忍，荒唐也得思索规则，付出也得计较公平。被定妆之后，一辈子都要咿咿呀呀过活了呢。宝宝，妈妈真的太消极。

要耍嘴皮子，就是唯一能值得骄傲的事情。宝宝，又没有酒精的润滑，妈妈今天写下这些话到底想做什么？还是在想尽快出现一个人，那一直以来属于妈妈独自创造的故事，该如何倒转重新再解释一遍？没错，就是懒得解释过往的生活，才对遇见的每一位陌生人表现得十分异常。

能够配合大部分人的生活步伐。有用吗？二十二岁之前似乎挺有用的，至于以后，妈妈不会给宝宝答案的。算了，算了，说得太多往后都不知道能再给宝宝写点什么了，对了，宝宝，生日快乐哟。